First published in Great Britain in 2010 by Michael O'Mara Books Limited
9 Lion Yard
Tremadoc Road
London SW4 7NQ
Copyright © Kjartan Poskitt 2010
All rights reserved.
KOREAN language edition © 2011 by ArgoNine Publishing
KOREAN translation rights arranged with Michael O'Mara Books Limited,
London, England through EntersKorea Co., Ltd., Seoul, Korea.

이 책의 한국어판 저작권은 (주)엔터스코리아를 통한 저작권자와의 독점 계약으로 아르고나인이 소유합니다.
신 저작권법에 의하여 한국 내에서 보호를 받는 저작물이므로 무단전재와 무단복제를 금합니다.

수학선생님도 몰래 보는 수학책

영국 BBC 수학 교육 프로그램
'Think of a Number' 추천!

수학선생님도 몰래 보는 수학책

샤르탄 포스키트 저 권태은 역

봄봄스쿨

차례

이 책이 나오게 된 계기

덧셈
자릿수별 표기법 013
구매 영수증 활용하기 016

뺄셈
기존의 뺄셈법 018
새로운 뺄셈법 020
음수 021

곱셈
구구단의 비밀 024
소수 027
손가락 곱셈 028
구구단 이상의 곱셈 029
그림으로 하는 곱셈 032
높은 단위수의 곱셈 033
음수의 곱셈 033
구구단을 못 외우는 사람들을 위한 곱셈법 036

나눗셈
간식 나누기 037
큰 숫자 나누기 038
나머지가 있는지 확인하는 방법 041
긴 나눗셈/장제법 042

연산의 순서
순서대로 계산하기 048

근사치 구하기
반올림하기 052

분수
약분하기 054
어느 쪽이 더 클까? – 분수의 덧셈과 뺄셈 056
대분수와 가분수 058
분수의 곱셈과 '의'의 의미 059
분수의 나눗셈 061

비율
당신의 텔레비전은 몇 대 몇? 065
그림자의 길이 066
재료의 혼합 비율 068

소수
소수점 070
분수를 소수로 또는 소수를 분수로 바꾸기 072
소수가 분수보다 쉬웠어요 073
10, 100, 1,000으로 나누고 곱하기 074
소수 연산법 075

거듭제곱과 근
제곱과 제곱근 080
거듭제곱과 거듭제곱근 081
표준서식 082

평균
평균값 085
최빈값과 중앙값 087

대수
대수란 무엇인가? 089
양수와 음수와 등호 090
괄호 093

숫자를 대신하는 기호 094
주의할 사항 096
대수로 해결하는 일상의 미스터리 099
연립방정식 105
머릿속에 떠올린 숫자 107
대수를 마치며 108

속도
속도 계산하기 111
속도의 단위 확인하기 112
속도의 합산 113

백분율
분수와 소수를 백분율로 바꾸기 114
돈과 백분율 116
백분율을 계산할 때 주의할 점 119
할인율의 오류 121

이자
단리 124
복리(더 큰 돈을 만드는 방법) 125
대출이자(또는 나가는 돈!) 127

도량형과 단위 환산
미터, 리터, 그램 132
킬로, 메가, 밀리 134
단위 환산 135

선, 면적, 부피
선 141
면적 143
입방체의 부피 148
원과 π 149
원기둥 151
구 152
피타고라스의 정리 154

확률
주사위의 확률 157
생일의 확률 158
카드의 확률과 포커 패 160
그 밖의 확률 164
확률에 대한 착각 165
마권 영업자의 승률 168

그밖에 알아두면 좋은 수학 상식
각도, 삼각형, 삼각법 174
로그란? 177

용어집 180

증명종료 186
감사의 말 187

지난 24년간 내 곁에서 헌신을 아끼지 않았으며 계산기 없이 늘 암산을 하면서도 한 번도 틀리지 않았던 마릴린 말린에게 이 책을 바칩니다.

이 책이 나오게 된 계기

어느 날 한 친구가 침울한 얼굴로 나를 찾아왔다. 당시 40세에 가까웠던 내 친구 블레이키는 경영학을 공부하고 있었는데, 그는 내가 아는 사람 중 누구 못지않게 똑똑한 친구였다. 그런 그가 나를 찾아온 이유는 경영수학에서 낙제점수를 받았기 때문이었다. 친구의 말인즉슨 "덧셈 뺄셈을 못하진 않아. 그런데 곱셈만 했다 하면 틀리는 거야. 계산기를 쓰는데도 내가 제대로 누르고 있는 건지 모르겠다니까."였다. 친구의 말을 듣고 그에게 빌려준 책은 내가 8세 아동을 대상으로 쓴 〈멋진 산수책(The Awesome Arithmeticks)〉이었고, 그로부터 몇 주 뒤에 블레이키는 수학시험을 무사히 통과할 수 있었다.

계산에 약하다고 말하는 사람들은 학교에서 처음 수학을 배울 때 기본 원리를 제대로 이해하지 못하고 넘어갔다가 이 문제를 해결하지 못한 채 학창 시절을 마친 경우가 대부분이다. 나는 이번 기회에 어른들도 처음부터 다시 시작할 수 있는 수학책을 만들기로 했다. 덧셈부터 시작해서 복잡한 계산에 이르기까지 차근차근 익히면서 여러 개념이 서로 맞물려 있음을 이해할 수 있도록 구성하는 데 초점을 두었다. 너무 쉽다고 생각되는 부분은 건너뛰어도 좋다. 그랬다가 막히는 부분이 나오면 다시 앞으로 돌아오면 된다.

이 책은 교과서가 아니다! 수많은 숫자와 도표들이 있고 나중에는 π나 x^2같은 기호도 등장하지만, 이 책을 읽다가 잠들더라도 당신을 꾸중할 선생님도 없고 쪽지시험도 없다. 이 책에서는 일상생활에서 부딪힐 만한 문제들을 해결하는 요령을 알려줄 것이다. 예를 들어 집에 칠할 페인트의 양을 계산하는 방법이나 여행에서 가장 중요한 이동 시간을 계산하는 방법 등을 익히고 연습해 볼 것이다. 대수와 백분율에 대한 내용도 있으니 잘 봐두었다가 나중에 열두 살짜리 조카가 수학 숙제를 도와 달라고 할 때 자신 있게 나서 주기 바란다. 이밖에도 휜 공간상의 거리를 구하고 포커 패의 확률을 알아보는 방법도 실었으니 재밌게 읽어 보기 바라며, 숫자를 이용해서 사람들을 깜짝 놀라게 할 수 있는 마술 같은 숫자 트릭과 그 비밀도 알아볼 수 있다!

맛보기로 숫자를 이용한 트릭을 하나 소개하겠다.(계산기를 사용해도 됨)

- ✓ 임의의 세 자리 숫자를 고른다.
  단, 각 자리에 적힌 숫자는 서로 달라야 한다.
- ✓ 이 숫자의 앞뒤 순서를 바꾼다.
- ✓ 큰 수에서 작은 수를 뺀다.

$$724 \qquad 564$$
$$-427 \text{ 또는 } -465$$
$$=297 \qquad =099$$

위의 세 단계를 거친 숫자의 10의 자리에 있는 숫자는 항상 9가 되며(또는 99), 100의 자리와 1의 자리에 있는 숫자의 합도 항상 9가 된다!

감수성이 예민하고 호응도가 좋은 친구가 있다면 이렇게 해보자. 그 친구의 이름은 말콤. 말콤을 불러서 아무 설명 없이 종이 위에 세 자리 숫자를 적으라고 한다. (이때 같은 숫자가 있으면 안 된다.) 다음으로 이 숫자의 앞뒤 순서를 바꾸라고 한 뒤 큰 숫자에서 작은 숫자를 빼라고 한다. 말콤에게는 이렇게 나온 숫자의 맨 앞자리 숫자 하나만 말해 보라고 하고, 당신은 나머지 답을 맞히면 된다!

말콤이 처음에 생각했던 숫자가 뭔지는 몰라도 이 값은 맞힐 수 있다.

   말콤이 9라고 말했다면 계산할 필요도 없이 답은 99이겠지만, 말콤이 5라고 했다면 재빨리 나머지 숫자들을 계산해서 594라고 답하면 된다. 중간에 오는 숫자가 9이고 앞뒤로 오는 숫자를 더한 값도 9라는 사실만 기억하면 이 트릭을 쓸 수 있다!

덧셈

학교에 들어가서 수학 시간에 맨 먼저 배우는 것이 덧셈이다. 사람들은 셈 중에 가장 쉬운 것이 덧셈이라고 생각하지만, 오늘날 우리가 사용하는 '아라비아 숫자'가 없었더라면 덧셈이 지금처럼 쉽지만은 않았을 것이다. 다음 이야기를 읽고 나면 0, 1, 2, 3, 4, 5, 6, 7, 8, 9라는 열 개의 기호만으로 모든 숫자를 표기하는 '아라비아 숫자'가 얼마나 편리한 도구인가를 새삼 깨닫게 될 것이다.

자릿수별 표기법

동네 벼룩시장에 갔다가 마음에 드는 물건을 샀다고 가정해 보자. 벼룩시장에 갈 때마다 물건을 사고 보니 그 액수가 각각 173달러, 585달러, 234달러였다. 그런데 벼룩시장에서 쓴 돈이 모두 얼마인지 계산하려고 봤더니 집에 있던 계산기는 고장이 나고 말았다. 그렇다면 당신은 다음과 같이 직접 계산을 해볼 것이다.

아래 수식에 적은 숫자 173에서 1의 자리에 적혀 있는 3은 3을 뜻하고 10의 자리에 적힌 7은 70을, 100의 자리에 적힌 1은 100을 뜻한다. 자릿수별 표기법이란 이렇게 숫자가 적힌 자리에 따라 숫자가 나타내는 값이 달라지는 것을 뜻한다. 그렇기 때문에 위에 적은 금액의 합(173+585+234)을 구할 때도 다음처럼 각 숫자의 자릿수를 서로 잘 맞춰서 적어야만 올바른 계산을 할 수 있다.

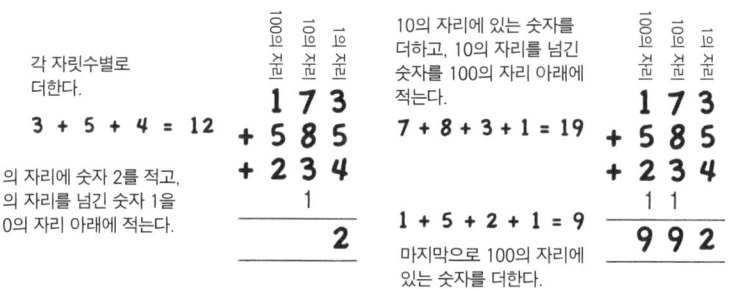

아라비아 숫자와 로마 숫자

아라비아 숫자는 지금으로부터 약 2,400년 전에 인도 수학에서 사용하던 것을 약 1,100년 전부터 아라비아 수학자와 천문학자들이 사용하기 시작했고, 800년 전 이탈리아 피사의 수학자인 레오나르도 피보나치를 통해 유럽으로 전파되었다. (피사의 사탑은 바로 이 시기의 건축물이다.)

아라비아 숫자가 아닌 로마 숫자로 덧셈을 한 번 해보라. 그래야 아라비아 숫자가 얼마나 편리한 표기방법인지를 실감할 수 있다. 대표적인 로마 숫자는 다음과 같다.

M = 1000   X = 10
D = 500   V = 5
C = 100   I = 1
L = 50

로마 숫자는 위와 같은 로마자만으로 모든 숫자를 표기하는 방식이다. 숫자를 적을 때는 가장 큰 숫자에 해당하는 로마자를 왼쪽에서 오른쪽으로 적으면 되는데, 예를 들어 173을 적고 싶다면 CLXXIII(=100+50+10+10+1+1+1)이라고 적는다. 그런데 9(=VIIII)와 같은 숫자를 적으려면 표기할 내용이 너무 길어진다는 불편함이 있다. 그래서 왼쪽에 적힌 로마자가 오른쪽에 적힌 로마자보다 작은 숫자일 때는 오른쪽에 적힌 숫자에서 왼쪽에 적힌 숫자를 뺀 값으로 읽기로 했다. 이 규칙대로 숫자 9를 다시 쓰면 IX가 된다.

수식을 적을 때는 복잡한 로마 숫자를 쓸 일이 거의 없지만, 장식용으로 숫자를 적을 때는 로마 숫자를 많이 쓴다. 클래식한 디자인의 시계들을 보면 1부터 12까지의 숫자가 로마 숫자로 적혀 있는 경우가 대부분이고, 영화나 텔레비전 방송이 끝날 때 올라가는 저작권 표시 연도 역시 로마 숫자로 된 경우가 많다. 예를 들어 MMX라고 적혀 있으면 2010년을 말하는 식이다. 큰 건물이나 동상의 초석에 적힌 연도 역시 로마 숫자가 대부분이며, 뉴욕 항구에 있는 자유의 여신상이 들고 있는 독립선언문에는 1776년 7월 4일(독립기념일)이 'JULY IV MDCCLXXVI'라고 적혀 있다.

> **네로 시대에는 제로가 없었다!**
>
> 로마 숫자에는 0이 없다. 아라비아 숫자처럼 자릿수를 따져서 숫자를 표기하기 전에는 0에 대한 개념이 없었기 때문이다. 아라비아 숫자에서 10, 100과 같은 숫자를 표기하면서 0이라는 숫자와 0에 대한 개념이 생겼다.

로마 숫자로 덧셈을 해본 적은 없을 테니 이 기회에 벼룩시장에서 쓴 돈을 로마 숫자로 더해 보자. 이 덧셈을 수식으로 쓰면 다음 '그림'과 같다.

아라비아 숫자로 수식을 적을 때는 각 자릿수만 잘 맞춰서 적으면 된다. 자릿수별로

줄지어 적힌 숫자들은 계산하기도 편하며, 이렇게 적다 보면 계산기 없이도 척척 계산되는 암산 실력이 생긴다.

이미 모든 합계가 나와 있는 구매 영수증을 다음과 같이 활용하면 덧셈 실력을 키우는 데 큰 도움이 된다.

구매 영수증 활용하기

마트에서 별로 산 것도 없는데 영수증에는 엄청난 금액이 찍혀 있는 경험이 있는가? 하지만 장바구니에 물건 담아 챙기기도 바쁜 그 시점에서 차례를 기다리는 사람들의 눈총을 뒤로 한 채 10여 분간 영수증을 노려보며 계산된 내용을 확인하겠다는 의지가 있는 사람은 많지 않다. 그런데 다음과 같은 방법을 사용하면 정확한 합계를 구하기까지 10분이 아니라 몇 초밖에 걸리지 않는다.

그림처럼 합계가 잘려 나간 영수증의 전체 금액을 간단하게 구해 보자.

❶ 소수점 이하는 무시하고 소수점 위에 있는 숫자만 더한다. 그러면 58달러가 나온다.

❷ 영수증을 딱 절반으로 접어서 물품의 개수를 센다. 이때 물품 한 개당 1달러씩을 더한다. 접힌 영수증에 10개의 품목이 있으므로 10달러를 더한다. 이제 1번에서 구한 58달러와 2번에서 구한 10달러를 더하면 68이라는 대강의 합계가 나온다.

정확하게 계산한 값과 대강의 합을 한 번 비교해 보

> ### 두 가지 주의사항!
>
> 마트에서 '멀티 팩'으로 나온 할인 상품을 사면 영수증에는 원래의 금액과 함께 마이너스 표시를 한 할인 금액이 찍히는 경우가 있다. 일단은 할인 금액을 무시하고 합계를 구한 뒤에 마지막에 이 값을 빼는 것이 좋다. 장바구니 할인 금액 역시 대강의 합계를 구할 때는 고려하지 않아도 된다.

자.

정확한 계산과 거의 비슷한 값이 나왔음을 알 수 있다.

대략의 합계를 구하는 원리

달러 단위 이하의 금액은 0센트부터 99센트까지 있다. 위의 영수증에서 어떤 경우에는 달러 이하 금액이 25센트 정도만 나오는 것도 있고, 80센트가 나오는 경우도 있다. 이럴 때는 평균 센트 값을 50으로 잡고 물품 개수만큼 50센트를 반복해서 더하면 대략의 합계를 구할 수 있다. 아니면 영수증을 아예 반으로 접어서(그래서 앞서 계산할 때 영수증을 반으로 접었다) 물품 개수만큼 1달러를 더하면 더욱 쉽게 대략의 합계를 구할 수 있다.

 쇼핑을 위한 요령 한 가지 더! 할인 하면 떠오르는 백분율에 대해서는 116~118페이지에서 자세히 설명하도록 하겠다.

뺄셈

여러 숫자를 한꺼번에 더하는 계산은 많이 하지만 한꺼번에 빼는 계산은 아마도 해본 적이 없을 것이다. 이번 장에서는 기존의 뺄셈법과 더불어 요즘 학생들이 배우는 새로운 뺄셈법을 함께 살펴보겠다.

기존의 뺄셈법

뺄셈을 하려는 숫자가 73이라면 70+3으로 나눠서 생각하면 쉽다.

예를 들어 73-2는 70+3-2와 같으므로 10의 자리 숫자인 70은 건드릴 필요도 없이 1의 자리에 있는 숫자끼리만 계산하면 된다. 이렇게 3-2=1에서 나온 1을 70에 더하면 73-2=71이 된다.(계산식을 쓸 때 모눈종이를 사용하면 자릿수를 맞추기 편하다.)

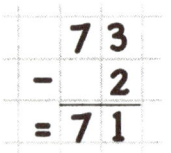

하지만 73-9와 같은 경우라면? 이 역시 70+3-9로 바꿔 쓸 수 있지만 3-9는 3-2처럼 1의 자리에서 계산이 끝나지 않는다.

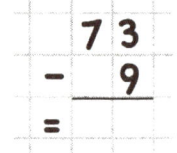

이럴 때는 73을 70+3으로 나누지 말고 60+13으로 나누면 된다. 계산식을 적을 때는 10의 자리에 적힌 7이 6으로 바뀌었음을 표시하고, 1의 자리 숫자 앞에

작은 글씨로 1을 적는다. 이때 1과 3을 같은 칸에 적지 않으면 60+13을 613으로 착각할 수도 있으므로 계산식을 적을 때는 모눈종이를 사용하는 것이 좋다.

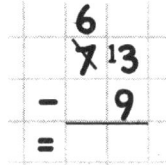

13-9=4이므로 1의 자리에 4를 적는다. 그리고 10의 자리 숫자에는 6이 남았으므로 그대로 6을 적으면 60+4의 값에 해당하는 64라는 답이 나온다.

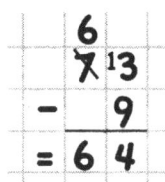

기본적인 뺄셈 방법을 알았으니 자릿수가 좀 더 많은 숫자의 뺄셈을 연습해 보자. 모형전함을 만드는 데 필요한 성냥의 개수는 6,305개이고, 지금 갖고 있는 성냥은 1,847개뿐이라면 몇 개의 성냥이 더 있어야 할까?

먼저 다음과 같이 계산식을 적고 1의 자리부터 거슬러 올라가면서 계산하는 것이 좋다. 1의 자리에 있는 숫자는 5-7이다. 5에서는 7을 뺄 수 없으므로 어딘가에서 10을 빌려와야 한다. 그런데 6,305는 10의 자리가 0이므로 대신 100의 자리에 있는 숫자 3에서 10을 빌려오면 30-1=29가 된다.

```
  6 3 0 5
- 1 8 4 7
=
```

30이 29가 되었음을 계산식에 표시하고, 빌려온 10은 1의 자리 숫자 앞에 작은 글씨로 적는다. 15에서는 7을 뺄 수 있으므로 15-7=8이라고 적는다.

```
    2 9
  6 3̶ 0̶ 15
- 1 8 4 7
=       8
```

1의 자리는 해결되었으니 그림처럼 가려두고 남은 숫자에만 집중해 보자. 남은 숫자는 629-184이다. 9-4=5이므로 10의 자리에 바로 5를 적는다. 이번에는 10의 자

```
    2 9
  6 3̶ 0̶
- 1 8 4
=     5
```

리까지 가려도 된다.

마지막으로 남은 숫자는 62-18이다. 2-8은 할 수 없으니 60에서 10을 빌려오고 그 자리에는 6 대신에 5를 적는다. 그리고 빌려온 1은 숫자 3의 위 칸에 적은 숫자 2 앞에 적는다. 그러면 12-8=4가 되고 5-1=4가 된다.

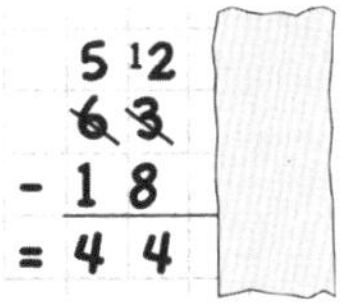

이와 같이 네 개로 나눠 적은 계산식을 하나로 합치면 다음과 같은 식이 나온다.

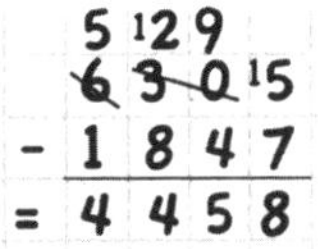

계산대로라면 모형전함을 완성하기 위해 필요한 성냥은 무려 4,458개나 된다. 이만큼의 성냥을 구해서 모형전함을 만들지, 아니면 취미생활을 바꿀지는 각자 결정하기 바란다.

새로운 뺄셈법

요즘 학생들이 쓰는 뺄셈법 역시 1의 자리 숫자부터 시작해서 큰 단위의 숫자로 옮겨간다는 점에서는 기존의 뺄셈법과 동일하지만, 숫자를 빼는 것이 아니라 더해 간다는 점에서 차이가 있다. 무슨 말인지 모르겠다면 예를 들어 설명하겠다. 라디 씨네 파이 가게에서 일하는 자넷은 2.23달러짜리 파이를 팔고 5달러를 받았을 때 거스름돈을 주기 위해 5-2.23=2.77이라고 계산하지 않는다. 자넷은 '2.23'이라고 파이 값을 말한 뒤에 가장 작은 자릿수의 숫자부터 채우면서 5달러가 될 때까지 손바닥에 동전을 얹는다. 그 과정은 다음 그림과 같다.

이 방법으로 다른 뺄셈도 해보자. 모형전함에 필요한 성냥의 개수를 구할 때 6,305-1,847로 계산할 수도 있지만 자넷처럼 식을 쓰지 않고도 답을 구할 수 있

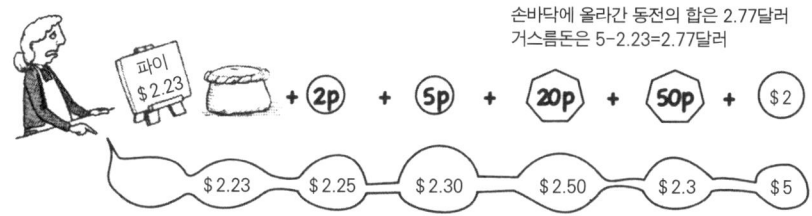

다. 먼저 1,847이라는 숫자의 1의 자리 숫자부터 채우자.

1,847+3=1,850	⇨	1,847에 3을 더했음
1,850+50=1,900	⇨	여기까지 53을 더했음
1,900+100=2,000	⇨	여기까지 153을 더했음
2,000+4,000=6,000	⇨	여기까지 4,153을 더했음
6,000+300=6,300	⇨	여기까지 4,453을 더했음
6,300+5=6,305	⇨	여기까지 4,458을 더했음

여기까지 더한 숫자와 6,305-1,847의 결과는 모두 4,458이다. 숫자가 많아 보이는 것 같아도 몇 번만 해보면 금방 익숙해진다. 정말 쉽지 않은가?

음수

음수 앞에는 항상 마이너스 기호가 붙어 있다. 양수에는 따로 플러스 기호를 붙이지 않지만, '3+6-4=5'와 같이 덧셈이 들어간 수식을 적을 때는 숫자 앞에 플러스 기호를 쓴다. 이 수식에서는 3, 6, 5가 양수이고 4는 음수다.

 모든 숫자는 양수(+)와 음수(−)로 분류된다.

어떤 때는 뺄셈은 안 하고 더하기만 했는데도 음수가 나오는 경우가 있는데, 다른 사람과 주고받을 돈을 계산할 때 이런 경우가 많다.

빌린 돈은 다시 돌려줘야 할 돈이므로 음수로 표시한다.

작은 숫자에서 큰 숫자를 빼는 것이 헷갈린다면 마음속으로 직선을 그려 놓고 계산하자. 직선 한 가운데에 0을 적고, 0을 기준으로 양수를 더할 때는 오른쪽으로 이동하고 음수를 더할 때는 왼쪽으로 이동하면 된다.

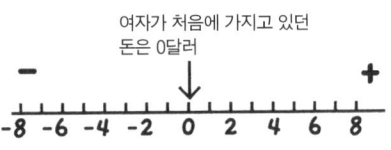

여자가 5달러를 찾은 상황을 직선상에 표시하면 다음과 같다.

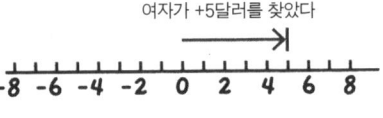

그러나 동생이 7달러를 돌려 달라고 한다. 돌려줄 돈은 음수이므로 왼쪽으로 7만큼 이동해서 -2가 적힌 자리에서 멈춘다. 가진 돈 5달러를 동생에게 돌려줬지만 아직도 돌려줄 돈이 2달러 남았다.

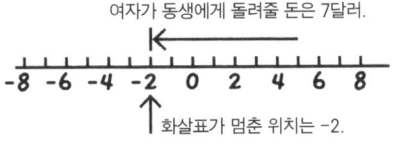

하지만 주고받아야 할 돈이 커지면 직선상에 표시하기가 어려워진다. 예를 들어 모노폴리 게임을 하고 있다고 치자. 피카디리 칸에 멈춰 서고 보니 이미 4채나 되는 건물이 들어가 있다. 게임의 법칙상 건물주들에게 내야 하는 임대비용은 자그마치 1,025달러인데 수중에는 623달러밖에 없다. 이 돈을 다 내고도 앞으로 갚아야 할 돈은 얼마일까? 623에서 1,025를 뺀 금액이 갚아야 할 액수일 것이다.

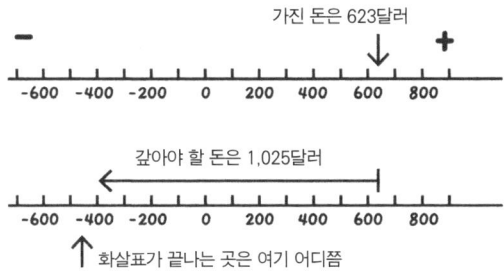

이런 경우 두 번의 작업으로 나눠서 뺄셈하면 쉽게 답을 구할 수 있다.
❶ 뺄 숫자가 더 크면(또는 음수가 더 큰 숫자라면) 답은 무조건 음수로 나온다. 이때는 마지막에 음수 기호를 붙이는 것을 잊으면 안 된다.
❷ 두 숫자 간의 차를 구한다. 차이를 구할 때는 그냥 큰 숫자에서 작은 숫자를 빼면 된다. 623과 1,025의 차를 구하면 1,025-623=402이다.

여기에 마이너스 기호를 꼭 붙여야 한다! 정답은 -402달러. 당신이 갚아야 할 돈이 402달러라는 뜻이다. 이 계산이 안 된다면 그냥 남은 돈을 다 뿌려 버리고 게임 보드를 엎어 버리는 방법도 있다. 물론 다른 사람들은 안 좋아하겠지만 속은 후련할 것이다.

곱셈

'삼칠 이십일, 사칠 이십팔…' 초등학생 때부터 외웠지만 솔직히 말해서 너무 헷갈리고 외우기 싫은 것이 구구단이었을 것이다. 하지만 외우기 귀찮아서 포기하기엔 구구단을 쓸 일이 너무나도 많다. 기왕 하는 거라면 좀 더 쉽고 재밌는 방법으로 곱셈 요령을 익혀 보자. 숫자들 사이에 숨겨진 규칙을 알면 곱셈이 보다 쉬워진다.

구구단의 비밀

1×1부터 10×10까지의 값을 하나의 표로 정리하면 다음과 같다. 표 안에 있는 숫자 100개 중에 몇 개를 정리해 보자.

10을 곱한 값은 1의 자리가 항상 0이므로 숫자가 커져도 쉽게 계산할 수 있다. 그러므로 표에서 10을 곱한 부분은 지우기로 한다.

다음으로 3×7과 7×3처럼 곱하는 순서만 다를 뿐 곱한 값은 똑같은 숫자들

	1	2	3	4	5	6	7	8	9	10
1	1	2	3	4	5	6	7	8	9	10
2	2	4	6	8	10	12	14	16	18	20
3	3	6	9	12	15	18	21	24	27	30
4	4	8	12	16	20	24	28	32	36	40
5	5	10	15	20	25	30	35	40	45	50
6	6	12	18	24	30	36	42	48	54	60
7	7	14	21	28	35	42	49	56	63	70
8	8	16	24	32	40	48	56	64	72	80
9	9	18	27	36	45	54	63	72	81	90
10	10	20	30	40	50	60	70	80	90	100

이 꽤 있다. 이 부분도 표에서 지우기로 한다.

이제 남아 있는 숫자는 절반 정도밖에 되지 않는다. 이 부분을 자세히 살펴보자.

회색으로 표시한 숫자들은 제곱수이다. 제곱수는 같은 수를 두 번 곱했을 때 나오는 값이다. 예를 들어 가로 세로 8칸으로 이뤄진 체스 판에 몇 개의 칸이 있는지를 알아볼 때 8을 제곱하게 된다. 이것을 수식으로 표현하면 8^2가 되고, 계산하면 8×8=64가 된다.

64가 제곱수이므로 작은 정사각형 64개가 모이면 큰 정사각형이 됨

63개나 65개로는 정사각형 모양을 이룰 수 없다. 63과 65는 제곱수가 아니기 때문

위와 같은 표를 외울 자신이 없다면 외우지 않고도 표를 채울 수 있는 방법을 쓰면 된다. 먼저 제곱수가 들어갈 자리에는 1, 3, 5, 7…의 순서로 홀수를 계속 더한 값을 적는다. 첫 번째 칸에 1을 적었으면 다음 칸에는 1에 3을 더한 4를 적고, 그 다음 칸에는 4에 5를 더한 9를, 다음 칸에는 9에 7을 더한 16을 적는다. 이렇게 하면 1부터 9까지의 제곱수를 외우지 않고 적을 수 있나.

제곱수를 중심으로 표의 나머지 부분도 완성해 보자. 임의의 제곱수 하나를

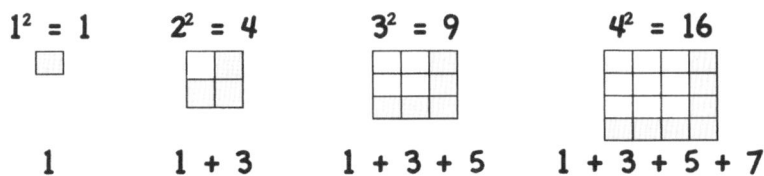

골라서 1을 빼면 왼쪽 대각선 방향에 놓일 숫자가 나오며, 그다음 칸부터 3, 5, 7…의 순서로 홀수를 계속 빼면 같은 대각선상에 놓일 숫자가 나온다.

예를 들어 제곱수 36에서 1을 빼면 왼쪽 대각선 아래 칸에 들어갈 숫자 35가 나온다. 그 아래 칸에는 35에서 3을 뺀 32를 적고, 다음 칸에는 32에서 5를 뺀 27을 적는다.(이렇게 적고 난 뒤에 원래의 표와 비교해 보라. 정확하게 일치할 것이다.)

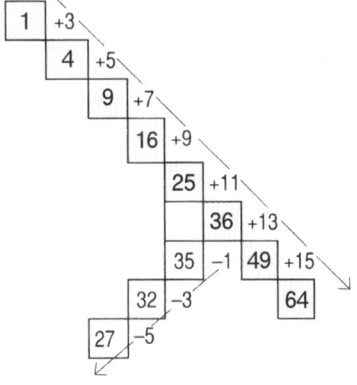

제곱수가 적힌 대각선의 바로 아랫줄도 같은 방법으로 채울 수 있다. 단, 이번에는 짝수(2, 4, 6, 8…)를 계속 더해야 한다. 이 줄에는 2, 6, 12, 20…의 숫자들이 있는데, 이 값은 첫 번째 칸에 2를 적고 다음 칸에는 2에 4를 더한 6을, 그 다음 칸에는 6에 6을 더한 12를, 또 다음 칸에는 12에 8을 더한 20을 적은 것과 똑같다. 또한 이 줄에 있는 숫자를 하나 골라서(20을 골라 보자) 2, 4, 6…을 계속 빼면 거기에 수직으로 놓인 대각선에 들어갈 숫자가 나오는 것까지 확인할 수 있다. (20을 기준으로 뺄셈을 계속하면 20-2=18, 18-4=14, 14-6=8)

더하고 빼는 숫자가 홀수인지 짝수인지만 잘 구분하면 곱셈 한 번 하지 않고도 구구단표는 물론 십구단표도 완성할 수 있다!

> ### 연속한 세 숫자의 특징
>
> 연속한 숫자 3개를 마음대로 정해서 앞뒤에 있는 숫자를 곱하면 가운데 있는 숫자를 제곱한 값보다 1만큼 작을 것이다. 믿기지 않는다면 예를 들어 보겠다. 만약 6, 7, 8을 골랐다면 6×8=48이고 7×7(또는 7^2)=49가 나옴을 알 수 있다. 연속해 있는 숫자라면 예외 없이 이 법칙이 적용된다. 누군가가 148^2=21,904라고 했다면 147×149=21,903이라고 생각하면 된다.
>
> (왜 그런지는 103페이지에 있는 대수 부분에서 다시 이야기하기로 하자.)

소수

소수란 1과 자기 자신만으로 나눠떨어지는 숫자이다. 예를 들어 10이나 12는 소수가 아니지만(10은 1, 2, 5, 10으로 나눠떨어지며, 12는 1, 2, 3, 4, 6, 12로 나눠떨어진다), 11은 1과 자기 자신인 11로만 나눠떨어지기 때문에 소수이다. 아래 그림처럼 꾸러미를 만들 때 짐의 개수가 소수인 경우는 어떻게 해도 깔끔하게 나눌 수가 없다.

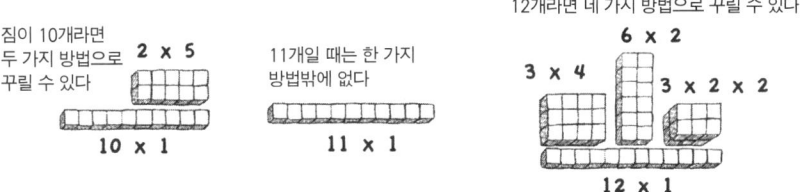

가장 작은 소수는 숫자 2다. 2는 소수 중에 유일한 짝수이며, 2를 제외한 모든 짝수는 2로 나눠떨어지므로 소수가 될 수 없다. 다음으로 3, 5, 7, 11, 13, 17, 19, 23…등이 소수에 해당된다.

1부터 100까지의 숫자 중에 소수는 몇 개일까? 다음 표의 밝은 색 칸에 적힌 숫자가 모두 소수이다. 이 표를 보면 어떤 숫자들이 소수가 아닌지를 쉽게 파악

할 수 있다. 맨 윗줄을 제외하면 2, 4, 6, 8, 0으로 끝나는 숫자 중에는 소수가 없으며(2로 나눠떨어지기 때문), 5로 끝나는 숫자 중에도 소수가 없다(5로 나눠떨어지기 때문). 하지만 어떤 숫자들이 소수가 될지는 한눈에 알아볼 수가 없다. 예를 들어 31이 소수니까 331과 3,331 그리고 33,331, 333,331과 같은 숫자들 역시 소수일 거라고 생각할 수 있다. 3이 쭉 나열

1	2	3	4	5	6	7	8	9	10
11	12	13	14	15	16	17	18	19	20
21	22	23	24	25	26	27	28	29	30
31	32	33	34	35	36	37	38	39	40
41	42	43	44	45	46	47	48	49	50
51	52	53	54	55	56	57	58	59	60
61	62	63	64	65	66	67	68	69	70
71	72	73	74	75	76	77	78	79	80
81	82	83	84	85	86	87	88	89	90
91	92	93	94	95	96	97	98	99	100

전문가들 사이에서는 1을 소수로 간주할 것인지에 대해서 의견이 분분하지만, 보통 사람들은 전혀 신경 쓰지 않는다.

되다가 1의 자리에서 1로 끝나는 숫자들은 얼핏 보기에 1 외에는 약수가 없어 보이기 때문이다. 하지만 19,607,843×17 = 333,333,331이라고 나올 수 있다는 것을 한눈에 알아내기란 쉽지가 않다. 만일 소수를 찾아내는 방법이나 규칙을 발견하는 사람이 있다면 이 지구상에 인류가 존재하는 한 그 이름을 길이 남길 역사적인 인물이 될 것이다.

손가락 곱셈

구구단을 외울 때 가장 틀리기 쉬운 부분이 9단이지만, 외우지 않고도 간편하게 확인하는 방법이 있다.

두 손을 들어 올린 다음 그림과 같이 손가락에 번호를 매긴다. 그리고 9에 곱할 숫자에 해당하는 손가락을 접는다. 그러면 접은 손가락을 기준으로 왼쪽에 남은 손가락의 개수와 오른쪽에 남아 있는 손가락의 개수를 나란히 적

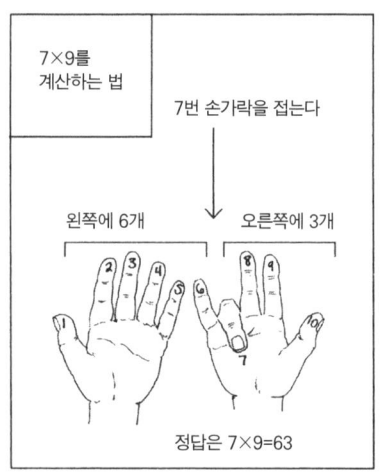

7×9를 계산하는 법
7번 손가락을 접는다
왼쪽에 6개 오른쪽에 3개
정답은 7×9=63

은 것이 곱셈의 결과와 같아지는 신기한 일이 일어난다.

더 신기한 방법도 있다.

5×5까지의 구구단을 안다면 6×6부터 10×10까지의 계산은 손가락 곱셈으로 해결할 수 있다. 먼저 아래 그림처럼 손가락에 6, 7, 8, 9, 10의 순서대로 번호를 매긴다.

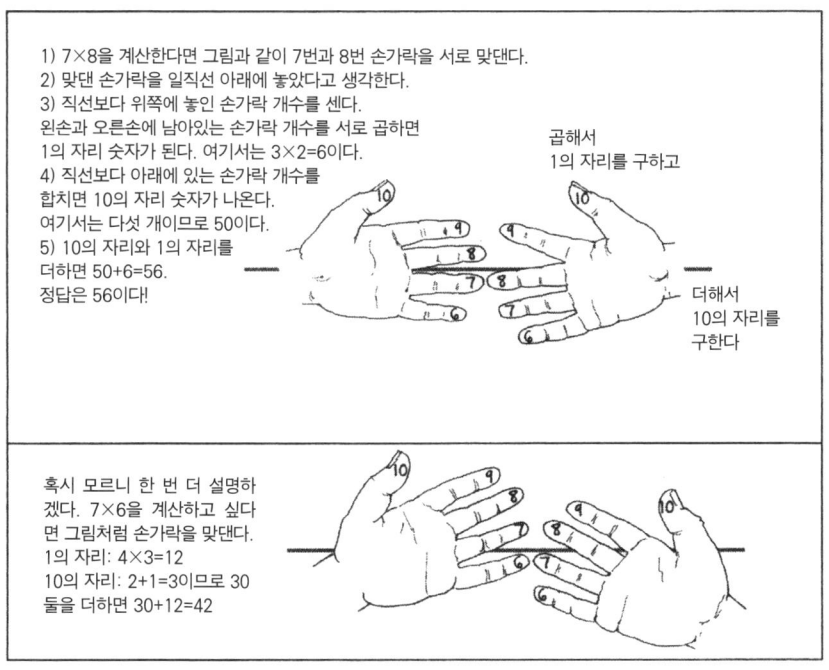

구구단 이상의 곱셈

693마일을 달려서 캠핑을 떠난 당신. 하지만 캠핑장에 도착하고 보니 집 열쇠가 없어졌다. 짐을 챙기는 동안 주머니에 있던 열쇠가 빠진 게 틀림없다고 생각한 당신은 왔던 길을 돌아가기로 했다. 하지만 결국 캠핑장과 집을 네 번이나 왕복한 뒤에야 열쇠를 찾을 수 있었다면, 당신은 대체 몇 마일이나 운전할 걸까?

솔직히 이 상황에서 이동한 거리까지 계산하고 싶지 않을 수도 있다. 혹시라도 한 번 알아볼까 하는 마음이 들었다면 693이라는 숫자가 구구단에 없는 숫자라고 곱셈을 포기하지는 말자. 숫자가 커져도 1의 자리에 있는 숫자부터 차례대로 계산하면 곱셈이 어렵지 않다. 이렇게 하면 구구단을 넘어가는 숫자를 곱할 일이 없다. 그러면 693×4를 한번 계산해 보자.

❶ 693×4를 다음과 같이 정렬해서 적는다.

❷ 먼저 4에 3을 곱하고 다음에 9를, 마지막에 6을 곱한다. 값을 적을 때는 자리를 잘 맞춰서 적는 것이 중요하다. 1의 자리부터 계산하면 3×4=12이므로 4의 바로 아래에 2를 적고, 1은 10의 자리에 작은 글씨로 적어 놓는다.

❸ 다음으로 9×4=36을 계산하고 여기에 ②에서 적어 놓은 1을 더한다. 37중에서 7을 10의 자리에 적고, 3은 다음 자리에 작은 글씨로 적는다.

❹ 마지막으로 6×4=24를 계산하고 여기에 ③에서 적어 놓은 3을 더한다. 더 이상 곱할 숫자가 없으므로 24에 3을 더한 숫자를 크게 적는다. 정답을 구한 당신에게 박수를!

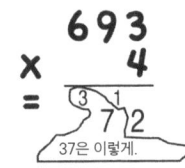

(열쇠나 잃어버리고 다니는 자신이 바보스럽게 느껴졌다면 이제는 자부심을 회복해도 되겠다.)

이번에는 좀 더 큰 숫자를 곱해보자. 예를 들어 517×38을 곱한다면 517×

30과 517×8로 나눠서 생각할 수 있다. 예전에는 이렇게 나눠서 곱한 값을 마지막에 서로 더하는 방법을 많이 사용했다. 계산이 쓸데없이 길어지는 듯 보여도 꽤 쓸 만한 방법이다.

❶ 517×38을 다음과 같이 적고, 그 아래로 줄을 몇 개 더 그어 놓는다. 먼저 계산할 부분은 517×30이므로 8 아래에 0을 적는다. 이렇게 해둬야 다음 숫자의 자리도 잘 맞출 수 있다.

```
    517
  ×  38
        0
  ─────
```

❷ 다음에는 517×3을 계산한다. 7×3=21이므로 3 아래에 1을 적고, 2는 윗자리 아래에 작은 글씨로 적어 둔다. 다음 순서는 1×3=3을 계산할 차례다. (주로 이 부분에서 계산하는 순서가 뒤엉키므로 주의하도록 하자!) 작게 적어 둔 2에 3을 더해서 5를 적고, 마지막으로 5×3=15를 맨 앞에 적는다.

```
    517
  ×  38
     2
  15510
  ─────
```

❸ 이번에는 517×8을 계산한다. 이 값은 아랫줄에 적어야 한다. 먼저 7×8=56을 계산한 다음 8과 같은 칸에 6을 적고 나머지 부분도 위와 같은 요령으로 계산한다.

```
    517
  ×  38
     2
  15510
    1 5
   4136
```

❹ 517×30과 517×8의 값을 더하면 15,510+4,136=19,646이라는 답을 얻을 수 있다!

```
    517
  ×  38
     2
  15510
    1 5
   4136
  19646
```

그림으로 하는 곱셈

이 방법을 쓰려면 수식을 쓸 때보다 신경 써서 그림을 그려야 한다. 하지만 숫자를 적는 자리만 잘 맞춰서 적으면 가장 단순하게 곱셈을 할 수 있는 방법이기도 하다.

517×38을 그림으로 곱하려면 먼저 다음과 같은 직사각형을 그리고 대각선을 긋는다. 그리고 직사각형의 테두리를 따라서 위쪽과 오른쪽에 곱할 숫자를 적는다.

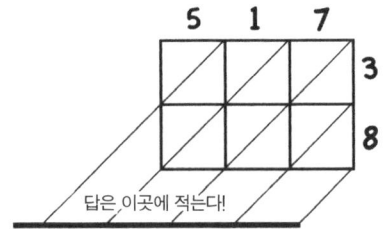

이제 빈칸을 채워보자. 그림에서 5와 3이 만나는 칸에 5×3(=15)의 값을 적는데 1은 대각선 왼쪽에 적고, 5는 대각선 오른쪽에 적는다.

빈칸에 적어야 할 숫자가 한 자리 숫자이면(1×3=3과 같은 경우) 03이라 생각하고 0은 대각선 왼쪽에, 3은 대각선 오른쪽에 적는다.

빈칸을 모두 채웠으면 같은 대각선 상에 있는 숫자들끼리 더한다.(예를 들어 8+5+1=14와 같은 경우 4는 같은 대각선 아래에 적고 1은 다음 자리로 넘겨서 작은 글씨로 적는다.)

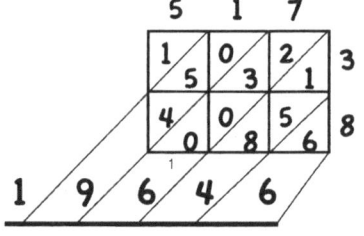

기존에 쓰던 수식을 쓰는 게 훨씬 편하다고 생각하는 사람들도 소수(소수에 대해서는 나중에 자세히 설명할 것임)를 곱할 때만큼은 생각이 달라질 것이다. 64.29×27.3과 같은 소수를 곱할라치면 자릿수를 틀리기 십상이기 때문이다. 하지만 아래와 같이 그림으로 곱하면 헷갈릴 염려가 없다.

소수점은 그림에서 두 숫자의 소수점이 만나는 자리를 지나는 대각선 아래에 찍으면 된다.

곱할 숫자 중에 소수가 하나뿐일 때는 아래 그림과 같이 소수를 오른쪽에 적어야 한다. 소수점이 오는 자리는 위와 같은 방법으로 찾는다.

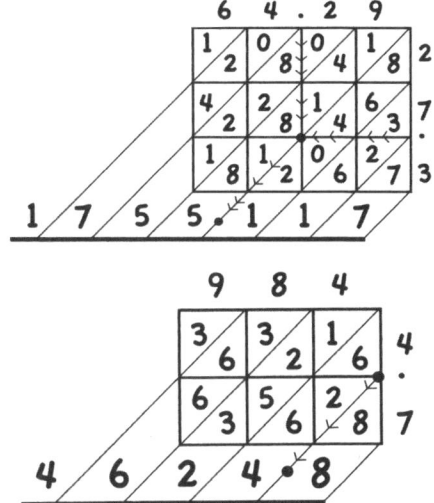

높은 단위수의 곱셈

3,000×900을 계산해 보자. 3과 9를 곱해서 앞에 적고(3×9=27), 3,000과 900에 있는 0의 개수만큼 0을 뒤에 적어 주면 된다. 여기서는 0이 다섯 개이므로 정답은 2,700,000이다.

이번에는 7,500×80을 계산해 보자. 여기서 주의할 점은 0의 개수이다. 75×8=600을 계산한 뒤에도 원래 있던 0의 개수만큼을 덧붙여야 한다. 여기서는 0이 3개이므로 정답은 600,000이다.

숫자 중간에 0이 들어간 경우의 곱셈도 마찬가지이다. 1,030×50을 계산하려면 먼저 103과 5를 곱한다(103×5=515). 그리고 마지막에 0을 2개 덧붙이면 51,500이 된다. 1,030의 중간에 있는 0은 103×5에서 이미 계산됐으므로 마지막에 0을 더할 때는 빼고 계산해야 한다.

음수의 곱셈

곱할 숫자 중에 하나가 음수라면 결과도 음수가 되지만, 두 개가 음수일 때의 결과는 양수가 된다.

3×2=6   3×-2=-6   -3×2=-6   -3×-2=+6

왜 음수×음수=양수일까?

아래 그림을 보면 쉽게 이해할 수 있다. 한 남자가 가운데 있는 버스정거장에서 오른쪽에 있는 집을 향해 시속 +3마일로 달리고 있다. 아마도 1시간 후에 남자는 3마일만큼 집에 가까워질 것이다.

이번에는 버스정거장에서 반대편을 향해 시속 3마일로 달리고 있다. 집과는 반대 방향이므로 이때의 속도를 시속 -3마일이라고 표시하자. 아마도 남자는 1시간 뒤에 3마일만큼 집에서 더 멀어져 있을 것이다.

1시간 뒤에 집과 가까워지는 거리

이보다 2배의 속도로 버스정거장을 출발한 경우를 살펴보자. 집을 향해 달리는 경우 현재 시속은 3×2=6마일이고, 반대편을 향해 달리는 경우의 시속은 -3×2=-6마일이다.

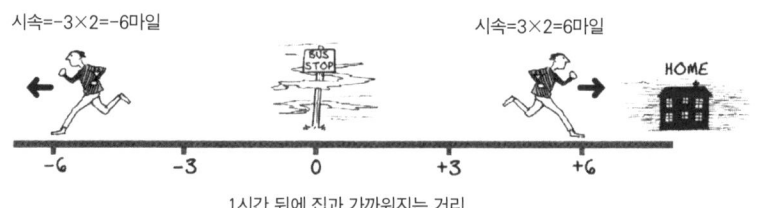
1시간 뒤에 집과 가까워지는 거리

여기까지 이해했다면 마지막 그림에 주목하기 바란다. 버스정거장에서 출발하는 것은 똑같지만 이번에는 같은 방향을 뒤돌아서 갈 생각이다. 뒤돌아선 상태로 움직인다는 것은 시속 역시 마이너스(음수)가 된다는 뜻이다. 그래서 아까처럼 2배의 속도로 달려도 이때의 시속은 -2마일이 된다. 뒤돌아서 달리면 그림처럼 집을 바라보며 달려도 시속 3×-2=-6마일의 속도로 집에서 멀어지게 되고, 집을 등지고 달려도 시속 -3×-2=+6마일의 속도로 집과 가까워지게 된다!

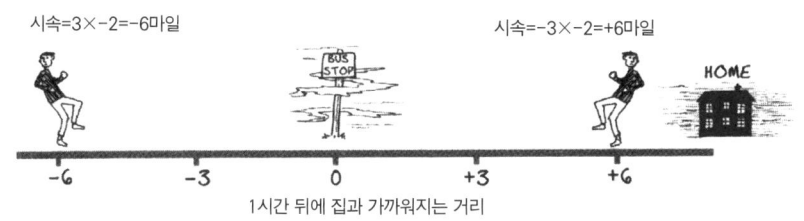

1시간 뒤에 집과 가까워지는 거리

수의할 점 : 우리는 집을 바라보고 앞으로 달린 경우와 집의 반대 방향을 바라보고 뒤돌아서 달린 경우의 속도가 같았음을 알았다. 그러나 이것은 여러분의 이해를 돕기 위한 그림이었을 뿐, 실제로 이런 시도를 하는 일은 없기를 바란다. 참, 이 책을 읽을 정도면 상식적인 독자일테니 걱정할 필요가 없겠다.

음수와 음수를 곱하면 양수가 되는 법칙은 수학에만 적용되는 이야기가 아닙니다. 여러분이 읽는 뉴스 기사 속에도 많은 부정어가 있지만 부정과 부정이 만나 결국엔 긍정의 뜻이 되는 내용이 많다. 다음 기사를 읽어 보자.

"부몽 부인은 축구 경기장에서 선수들이 윗옷을 벗는 행위를 금지하는 규정안의 취소에 대해 항소하는 것을 반대하는 데 동의하지 않았음을 부인했다."

이게 대체 무슨 말일까? 부몽 부인은 선수들이 윗옷을 벗는 것을 찬성했다는 뜻일까, 아니라는 뜻일까? 여러분에게 힌트를 주자면 부몽 부인의 가방 속에는 축구 경기 시즌권과 함께 망원경이 들어 있다고 한다.

계산기를 이용한 곱셈 트릭

❶ 계산기에 12345679(8을 뺀 숫자)를 입력한 뒤, 9단에 있는 숫자 중에 하나를 곱한다(9단에 있는 숫자는 9, 18, 27…을 말한다). 어떤 결과가 나왔는가.

❷ 100에서 999 사이의 숫자 중에 하나를 골라 계산기에 입력한 뒤 숫자 7, 11, 13을 차례대로 곱한다. 어떤 결과가 나왔는가.

❸ 10에서 99 사이의 숫자 중 하나를 골라 계산기에 입력한 뒤 숫자 3, 7, 13, 37을 차례대로 곱해보자. 어떤 결과가 나왔는가.

구구단을 못 외우는 사람들을 위한 곱셈법

정말이다! 2로 곱하고 나눌 줄만 알면 어떤 숫자라도 곱할 수 있다. 이런 곱셈법이 있는 줄은 몰랐다며 반가워할 분들이 분명 있을 것이다. 이 방법은 일명 '러시아 농부 곱셈법' 또는 고대 이집트 곱셈법으로도 불리는데, 이와 똑같은 연산방식을 쓰는 컴퓨터도 있고 이 방식이 아니면 곱셈을 못하는 특이한 사람들도 있다. 지금부터 이 방법으로 326과 28을 곱해 보자.

326	~~28~~
163	56
81	112
40	~~224~~
20	~~448~~
10	~~896~~
5	1792
2	~~3584~~
1	7168
	= 9128

1) 곱하려는 숫자(326과 28)를 맨 윗줄에 쓰고 두 숫자 사이에 세로선을 긋는다.
2) 왼쪽에 있는 숫자(326)를 2로 나눈다. 이때 나머지는 버리고 결과만 아랫줄에 적는데, 이 값이 1이 될 때까지 계속 2로 나누고 그 몫을 적어 내려간다.
3) 왼쪽의 계산이 끝났으면 오른쪽으로 넘어간다. 오른쪽에 있는 숫자(28)에 2를 곱하고, 그 값을 아랫줄에 적는데, 왼쪽과 같은 줄까지 도달하면 곱셈을 마친다.
4) 왼쪽에 짝수가 있으면 같은 줄에 있는 오른쪽 숫자를 지운다.
5) 오른쪽에서 지우지 않은 숫자들을 모두 더한다. 이 값이 326에 28을 곱한 값이다!

나눗셈

나눗셈을 배우는 순간부터 수학에 흥미를 잃었다는 분들이 꽤 있다. 덧셈, 뺄셈, 곱셈과는 달리 나눗셈이 더 복잡하게 느껴지는 이유는 뭘까? 9와 7이라는 숫자로 각각의 셈을 해보면 그 까닭을 짐작할 수 있다.

9+7=16 덧셈은 간단하다!   9-7=2 뺄셈 역시 간단하다!
9×7=63 곱셈도 별로 어렵지 않다.

하지만 9÷7은 어떨까? 답을 쓰는 방법만도 세 가지이다.

9÷7=1과 나머지 2 $9÷7=1\frac{2}{7}$ ($\frac{9}{7}$라고도 쓴다.)
9÷7=1.2857142857…헉!

간식 나누기

나눗셈의 결과가 분수나 소수로 나오는 경우는 잠시 뒤에 다루기로 하고, 우선은 결과가 정수로 딱 떨어지는 나눗셈부터 시작해 보자. 쉬운 나눗셈에 익숙해지면 복잡한 나눗셈도 해볼 것이다.

생일파티에 모인 아이들에게 빵을 나눠 주려고 한다. 빵이 24개이고 아이들이 8명이라면 1인당 빵을 몇 개씩 나눠줄 수 있을까? 이 질문을 수학적으로 바꾸면 24에 8이 몇 번 들어가는지를 구하라는 것과 같다. 24에 8이 몇 번 들어가는지는 구구단 8단을 보면 된다. 8×3=24이므로 24÷8=3, 한 명이 받을 수 있는 빵은 3개임을 알 수 있다. 아직 잘 모르겠다는 분들은 다음 그림을 보면 쉽게 이해할 수 있다.

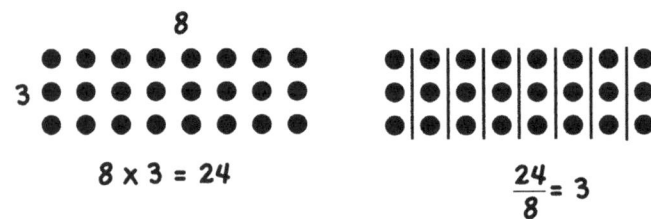

24를 여덟 칸으로 나누면 한 칸에
3개씩 들어가는 그림이 나온다.

큰 숫자 나누기

24를 8로 나누는 계산은 구구단의 도움으로 쉽게 해결했지만, 뭔가를 나눠주는 일이 늘 쉬운 것만은 아니다. 예를 들어 풍선 53개를 여덟 명에게 나눠 줘야 한다면 그때는 어떻게 할까?

53에 8이 몇 번 들어가는지를 보려고 구구단을 확인해 봤더니 안타깝게도 8단에는 53이라는 숫자가 없다. 그렇다면 53을 넘지 않는 범위에서 8이 몇 번 들어가는지를 확인해 보자. 53에 가까우면서 53을 넘지 않는 숫자를 8단에서 찾으면 8×6=48, 48이다. 그러므로 1인당 풍선 6개를 나눠주면 풍선은 53-48=5개가 남는다. 그러나 아이들은 남는 풍선을 보면 더 갖겠다고 싸울 것이 분명하므로 애초에 남는 풍선 5개를 터뜨려서 없앤 후에 풍선을 나눠 주는 건 어떨까.

풍선을 다 꺼내 놨다가 괜한 소란만 일으키는 것보다는 미리 계산해서 주는 편이 훨씬 나을 것이다.

이번에는 사탕 3,721개를 여덟 명에게 나눠 주자. 3,721이 구구단에 없는 숫자라고 벌써부터 겁먹을 필요는 없다. 큰 숫자를 나누는 요령을 다 알려드릴 것이다. 이런 문제 때문에 머릿속이 하얘졌던 경험이 있다면 이번 기회에 큰 숫자를 나누는 요령을 확실하게 배우자! 나눗셈을 쉽게 하는 비결은 한 번에 하나씩만 생각하는 것이다. 다음과 같이 계산식을 썼으면 뒤에 있는 숫자는 아예 종이로 가리고 앞에 있는 숫자부터 계산한다. 이렇게 하면 답을 적는 자리를 틀리게 적을 일도 없다. 계산을 할 때는 왼쪽에 있는 숫자부터 1)나누고 2)나머지를 계산해서 적은 뒤에 3)오른쪽에 있는 다음 숫자로 넘어가면 된다. 준비됐으면 계산을 시작하겠다.

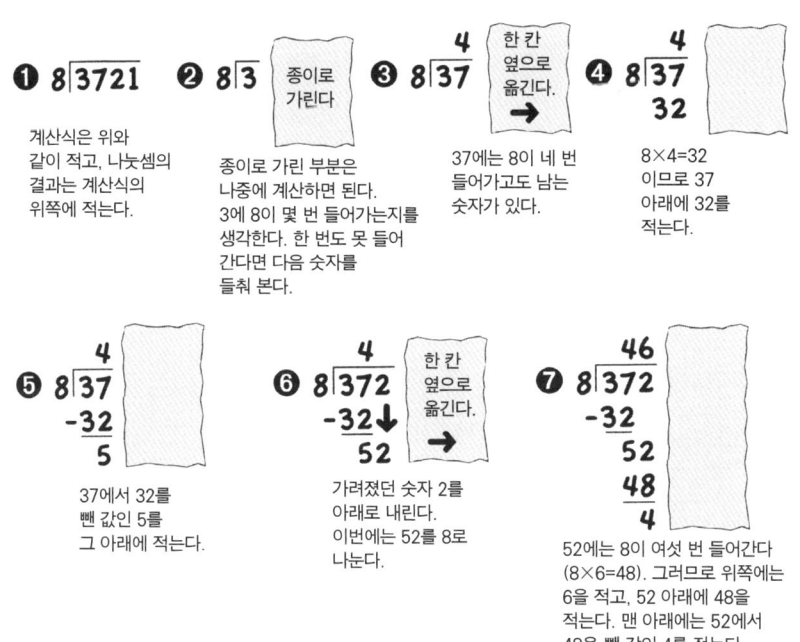

❽ $8\overline{)3721}$ 46
-32
$\,52$
$\,48↓$
$\,41$

종이를 다시 옆으로 옮기면 마지막 숫자 1이 나온다. 1을 아래로 내리면 41. 41에는 8이 다섯 번 들어가고 1이 남는다.

❾ $8\overline{)3721}$ 465
-32
$\,52$
$\,48$
$\,41$
$\,40$
$\,1$

위쪽에 5를 적는다. 더 이상 내릴 숫자가 없으므로, 답은 465 나머지 1이다.

$8 \times 5 = 40 \rightarrow 40$
and
$41 - 40 = 1$

일부러 세세한 부분까지 적었기 때문에 위의 계산이 복잡해 보일 수도 있다. 하지만 몇 번만 해보면 중간 과정들은 많이 생략될 것이다. 가령 '37÷8=4 나머지 5'가 바로 계산되면 위에서처럼 일일이 적을 필요가 없다. 그때의 수식은 다음과 같이 간단하게 정리될 것이다.

왼쪽에 있는 숫자 3부터 나누기 시작한다. 3에 8이 들어가는가? 아니다. $8\overline{)3721}$

다음 숫자로 넘어간다. 37에는 8이 네 번 들어가고 5가 남는다. 그러면 7위에 4를 적고, 2앞에 작은 글씨로 5를 적는다. $8\overline{)37^521}$ 4

다음 숫자로 넘어간다. 52에는 8이 여섯 번 들어가고 4가 남는다. 그러면 2위에 6을 적고, 1앞에 작은 글씨로 4를 적는다. $8\overline{)37^52^41}$ 4 6

다음 숫자로 넘어간다. 41에는 8이 다섯 번 들어가고 1이 남는다. 그러면 1위에 5를 적는다. 이제는 더 이상 나눌 숫자가 없으므로 이 나눗셈의 나머지는 1이다. $8\overline{)37^52^41}$ 4 6 5 나머지 1

나머지가 있는지 확인하는 방법

2의 배수 모든 짝수는 2로 나눴을 때 나머지가 없다.

3의 배수 모든 자리의 숫자를 더한 숫자가 3으로 나눠떨어지면 3으로 나눴을 때 나머지가 없다. 438을 예로 들면 4+3+8=15이고, 15는 3으로 나눠떨어지므로 438은 3으로 나눴을 때 나머지가 없다.

4의 배수 끝에 두 자리만 보면 된다. 10의 자리 숫자가 짝수이면서 1의 자리 숫자가 0, 4, 8이면 4로 나눴을 때 나머지가 없다. 또한 10의 자리 숫자가 홀수더라도 1의 자리 숫자가 2나 6이면 4로 나눴을 때 나머지가 없다.

5의 배수 1의 자리가 5나 0이면 5로 나눠떨어진다.

6의 배수 6=2×3이므로 3으로 나눠떨어지는 짝수는 모두 6으로도 나눠떨어진다.

7의 배수 1의 자리 숫자에 2를 곱한다. 그리고 1의 자리 숫자를 제외한 나머지 숫자에서 앞의 숫자를 뺀 값을 본다. 이 값이 7로 나눠떨어지면 7로 나눴을 때 나머지가 없는 숫자이다. 364를 예로 들면, 1의 자리 숫자 4에 2를 곱하고(8), 이 값을 36에서 빼면 28이 나온다. 28은 7로 나눠떨어지므로 364 역시 7로 나눠떨어진다.

9의 배수 3의 배수를 확인하는 방법과 비슷하다. 모든 자리의 숫자를 더한 숫자가 9로 나눠떨어지면 9로 나눴을 때 나머지가 없다.

10의 배수 1의 자리가 0이면 10으로 나눴을 때 나머지가 없다. 아주 간단하다!

11의 배수 이것도 생각보다 간단하다. 확인하려는 숫자의 맨 앞에 있는 숫자부터 각각 차례대로 더하기(+)와 빼기(-) 기호를 번갈아 붙여 준다. 붙여 준 연산기호대로 계산했을 때 0이 나오거나 11로 나눠떨어지면 원래의 숫자를 11로 나눴을 때도 나머지가 없다. 49,137을 예로 들면 +4-9+1-3+7과 같이 적고 연산기호대로 계산했을 때 0이 나오며, 실제로 11로 나눴을 때 나머지가 없다.

긴 나눗셈/장제법(12 이상의 수로 나누는 나눗셈-역주)

세상에는 꼭 해야만 하는 일도 있지만 전혀 할 필요가 없는 일들도 많다. 예를 들어 골프를 쳐야 한다거나 부엌에 정리해둔 식료품을 다시 정리해야 한다거나 혹은 신문에 난 낱말퀴즈를 꼭 풀어야만 하는 상황은 거의 일어나지 않는다. 하물며 한두 자릿수 이상의 숫자를 계산기도 없이 나눠야 하는 일은 일 년에 한 번이나 있을까 말까 하다. 그러나 살다 보면 전혀 할 필요가 없을 것 같던 일을 하게 되는 순간이 있다. 예를 들어 갑자기 길고 긴 숫자들을 직접 계산해 보고 싶은 충동이 생길 때가 있다. 내가 계산했을 때 계산기와 같은 답이 나올지, 시간은 얼마나 걸리는지 궁금해져서 당장 확인해 보고 싶어지는 때가 오면 그럴 때는 한번 해보면 된다. 취미로 트레인스포팅(지나가는 기차를 보면서 기관차 번호를 적는 일-역주)이나 싱크로나이즈를 하는 것도 아니니 누가 볼까봐 신경 쓸 필요도 없고, 샴푸로 세차를 하겠다는 것도 아니니 옆집 사람의 눈치를 볼 필요는 더더욱 없다. 집에 있을 때 아무도 모르게 혼자 조용히 긴 나눗셈에 도전해 보자.

긴 나눗셈을 직접 할 일이 별로 없으니 당신에게 다음과 같은 일이 생겼다고 가정해 보자.

356명의 사람이 103,596달러를 나눠 가져야 하므로 당신에게 돌아올 몫은 103,596달러를 356으로 나눈 금액이 될 것이다. 여기에 지금까지 배운 나눗셈과 다른 점이 있다면 103,596안에 356이 몇 번 들어갈지를 추측해 봐야 한다는 것과 큰 숫자를 곱해야 하는 것뿐이다.

먼저 0을 없애라

단위수가 높아지면 0을 없앨 수 있는지부터 확인하는 것이 좋다. 예를 들어 6,000÷200을 계산하면 두 숫자에서 동시에 없앨 수 있는 0이 있는지를 본다. 이 경우 200에 0이 2개 있으므로 원래의 수식을 60÷2로 줄여 쓸 수 있다. 어떤가? 같은 수식이지만 30이라는 답이 더 쉽게 나올 것이다.

당신이 상속받을 돈은 얼마?

먼저 다음과 같이 계산식을 쓰자.   356|103596

그리고 앞에서처럼 종이로 숫자를 가린 뒤에 356보다 큰 숫자가 나올 때까지 종이를 한 칸씩 옆으로 밀어보자.

1은 356보다 작다.

10은 356보다 작다.

103은 356보다 작다.

1035는 356보다 크다!

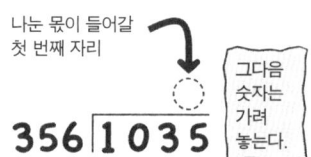

1,035까지 와야 356이 들어갈 수 있는 숫자가 나오므로 몫을 적을 때도 숫자 5가 있는 자리부터 적기 시작한다. 이 자리에 들어갈 숫자를 찾으려면 먼저 1,035÷356을 계산해야 하는데, 우선은 대강의 값을 구하자. 계산하기 쉽도록 10의 자리 숫자를 버리면 1,000÷300이 된다. 여기에서 0을 없애면 10÷3이 되고, 이것을 계산하면 3과 나머지 값이 나올 것이다. 이것은 대강의 값이므로 아직 계산식에 적지는 말자.

대강의 값이 맞는지 보려면 356×3을 계산해 보면 된다. 결과는 1,068.(수식 옆의 자투리 공간을 이용하면 이 계산은 얼마든지 할 수 있다. 어떻게 계산했는지는 46페이지에 적어 놓았다.) 1,035를 넘지 말아야 하는데 이보다 더 큰 숫자가 나왔으므로 3은 답이 아니다. 그렇다면 2를 곱해보자. 356×2=712이므로 일단 1,035보다는 작다.

일단 1,035 아래에 712를 적고 위에 숫자에서 아래 숫자를 빼면 1,035-712=323이다. 1,035에 356이 두 번 들어가고 남은 나머지가 356보다 작으므로 몫은 맞게 구했다. 이제 숫자 5의 윗자리에 2를 적으면 된다!

여기까지 계산했으면 남은 계산도 같은 요령으로 계속한다.

```
    ____
356|1035
     712
    ─────
     323
```

숫자를 가렸던 종이를 한 칸 밀어내면 다음 숫자인 9가 나온다.

이번에는 3,239÷356을 계산한다. 몫을 어림잡아 8이라 놓고 계산해 보자. 틀릴 수도 있지만 여기서 한 번에 맞히면 그 순간 느끼는 희열도 크다.

356×8=2,848이므로 이 값을 3,239 아래에 적고 두 숫자의 차를 구해서 나머지가 얼마인지를 확인한다.

그러면 3,239-2,848=391. 이런!

```
        2
    _____
356|10359
     712
    ─────
     3239
```

나머지 값인 391이 356보다 크므로 8은 답이 아니다. 391이면 356이 한 번은 더 들어갈 수 있으므로 8 대신 9를 곱하면 되겠다.

9를 곱한 값을 확인해 보니 356×9=3,204가 나온다. 좀 전에 쓴 2,848을 지우고 이 자리에 3,204를 적는다. 그리고 3,239에서 3,204를 뺀 값을 구한다.

이런!

계산이 길어지고는 있지만 숫자가 큰 만큼 계산 과정을 자세하게 보여주려는 것이니 모든 과정을 꼼꼼하게 봐주기 바란다. 익숙해진 뒤에는 계산 과정을 길게 쓸 필요도 없을뿐더러 계산도 훨씬 빨라질 것이다.

```
         29
     _____
356|10359
      712
     ─────
      3239
      3204
     ─────
        35
```

3,239-3,204=35이고 이 값이 356보다 작으므로 8이 아닌 9가 맞음을 확인했다. 이제 2의 오른쪽에 9를 적는다.

마지막 남은 숫자인 6을 아래로 내리자.

남은 계산은 356÷356이다. 이 부분은 그냥 봐도 1이라는 값이 바로 나오므로 9 옆에 1을 적으면 되겠다. 그래도 혹시 당신이 부엌에 정리해둔 식료품을 다시 정리하곤 하는 성격이라면 모든 계산을 확실히 하고 싶을 것이다. 그런 당신을 위해 356×1까지 계산해주겠다. 계산식 아래에 356×1=356을 적고 356-356=0까지 계산해서 나머지가 없음을 확인하면 나눗셈이 끝난다.

```
              291
       356│103596
              712
             3239
             3204
              356
```

지금까지의 계산을 간단하게 정리하면 다음과 같다. 오른쪽에 적은 것은 추측한 답이 맞는지를 확인하느라 계산한 내용이다. 계산 중에 기분 전환이 필요하면 저렇게 수식 옆에 그림을 그려도 된다. 나눗셈도 하고 예술적 재능도 살리면 일석이조가 아닐까.

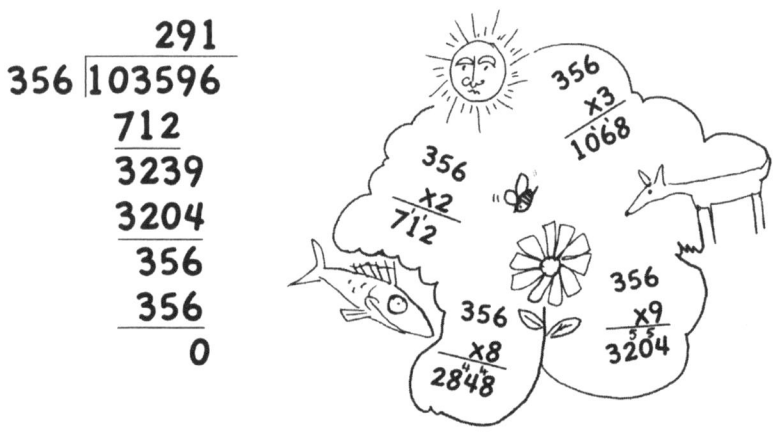

기억하고 있는지 모르겠지만 긴 나눗셈을 한 것은 상속받을 금액을 알아보기 위해서였다. 계산한 결과 당신이 받을 수 있는 금액이 291달러로 뚝 떨어져서 다소 실망스러울 수도 있겠으나, 덕분에 이 기쁨을 함께 나눌 355명의 친척이 생겼으니 그것으로 위안을 삼기 바란다.

거짓말쟁이 웨이터

긴 나눗셈을 하느라 고생한 당신을 위해 재밌는 퀴즈를 준비했다. 아주 오래된 이야기라 이미 알고 계신 분들도 있겠지만 이 미스터리를 단번에 해결하는 사람은 별로 없었다.

여자 세 명이 식당에서 식사를 했다. 여자들은 30달러가 나온 계산서를 받고는 1인당 10달러짜리 지폐를 한 장씩 냈다. 그런데 웨이터가 확인해 보니 계산서가 잘못 찍혀 있는 게 아닌가. 원래는 25달러가 나와야 하는데 30달러로 찍힌 것이다. 웨이터는 1달러짜리 지폐 다섯 장을 들고 손님들에게 다시 갔지만 그새 마음이 바뀌어 자기 주머니에 2달러를 챙겨 넣고는 손님들에게 1달러씩만 돌려주었다.

손님들이 처음에 낸 돈은 30달러이지만 실제로 낸 돈은 3×9=27달러이다. 그런데 여기에 웨이터가 챙긴 돈 2달러를 더하면 이상하게도 30달러가 되는 것이 아니라 27+2=29달러가 된다. 대체 1달러는 어디로 사라진 걸까?

여기에서 바로 정답을 말해 버리면 여러분이 답을 찾아낼 기회를 빼앗는 것 같으니 정답은 이 책의 어딘가에 숨겨 놓겠다. 그렇다고 찜찜해하진 마시길! 이 책을 다 보기 전에 이 문제의 오류가 무엇인지 깨닫게 될 것이다.

연산의 순서

여러 개의 연산기호가 뒤섞인 계산을 할 때는 정해진 연산 순서대로 계산하는 것이 가장 중요하다. 연산의 순서는 다음과 같다.

❶ 괄호 안의 수식
❷ 제곱
❸ 곱하기/나누기
❹ 더하기/빼기

순서대로 계산하기

연산의 순서가 왜 중요할까? 부몽 부인이 파티에 필요한 물건을 사러 시장에 다녀온 이야기를 통해 알아보자.

부몽 부인은 빵집에서 80센트짜리 휘핑크림 두 통과 32센트짜리 체리빵 세 개를 골라들고 계산대에 섰다. 부인이 내야 할 돈은 얼마일까?

총액을 구하는 계산식은 2×80+3×32이다. 이 계산식을 순서대로만 계산하면 2×80=160에 3을 더해서 160+3=163이 되고 마지막으로 32를 곱해서 163×32=5,216센트(또는 52.16달러)가 나온다. 이 정도면 휘핑크림 두 통과 체리빵 세 개가 아니라 파티용 케이크 세 개도 살 수 있는 금액인데 어떻게 이런 결과가 나오게 됐을까? 이 계산이 어디에서 잘못됐는지 살펴보자.

 덧셈과 뺄셈을 하기 전에 곱셈과 나눗셈을 먼저 해야 한다.

2×80+3×32를 계산하려면 곱셈 부분을 먼저 계산해야 한다. 그러면 160+96이 되고, 마지막에 둘을 더해야 맞는 답을 얻을 수 있다. 부몽 부인이 낼 돈을 제대로 계산하면 256센트, 즉 2.56달러가 나온다.

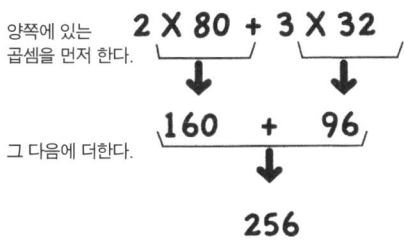

장보기를 마친 부몽 부인은 친구 네 명의 파티 드레스를 준비하기 위해 파티용품점에 갔다. 부몽 부인이 고른 것은 17달러짜리 호피무늬 레오타드 네 벌과 3달러짜리 파티용 스프레이가 1인당 두 개, 8달러짜리 빨간 모자 네 개와 자기가 쓸 6달러짜리 요술지팡이 한 개이다. 마침 부몽 부인에게는 가게에서 받은 5달러짜리 쿠폰이 세 장이나 있어서 쿠폰 금액만큼 할인을 받을 수 있었다. 그렇다면 부몽 부인이 내야 할 돈은 얼마일까?

일단 부몽 부인이 친구들에게 나눠 줄 품목부터 정리해 보면,

레오타드 : 17달러

파티용 스프레이 : 1인당 2개×3달러

모자 : 8달러

친구 한 명당 17+2×3+8(달러)의 돈이 들어가는데, 이 계산식에 괄호를 치면 (17+2×3+8)이 된다.

부몽 부인의 친구가 네 명이므로 괄호 안의 금액도 네 번 들어가야 하며, 이것을 식으로 쓰면 4(17+2×3+8)가 된다. 괄호 앞에 아무런 기호 없이 쓴 숫자 '4'는 괄호 안에 있는 각각의 숫자에 곱해야 할 숫자이다. 여기에 부몽 부인이 쓸 요술지팡이까지 더하면 식은 4(17+2×3+8)+6이 된다. 맨 끝에 있는 +6은 부몽 부인이 혼자 쓸 물건이라 4를 곱할 필요가 없기 때문에 괄호 밖에 적었다. 이제는 할인 받을 수 있는 금액을 빼 보자. 부몽 부인이 가진 쿠폰은 5달러짜리가 세 장이므로 할인되는 금액은 (3×5)이다. 이 액수를 전체 비용에서 빼야 하므로 앞에 '-'기호를 붙이면 계산식은 다음과 같이 완성된다. 4(17+2×3+8)+6-(3×5)

 괄호 안에 있는 수식을 먼저 계산해라!

먼저 첫 번째 괄호를 살펴보자. 곱셈이 우선이므로 2×3을 먼저 계산하면 6이 되므로 이 부분은 (17+6+8)=31이 된다. 다음으로 두 번째 괄호 안에 있는

곱셈을 계산하면 (3×5)=15이므로 계산식을 4(31)+6-(15)로 정리할 수 있다.

 이 수식에 아직 곱셈이 남아 있다는 것을 잊으면 안 된다. 덧셈과 뺄셈을 하기 전에 곱셈을 먼저 해결해야 하므로 31에 4를 곱하면 124+6-15가 되고, 남은 계산을 마치면 115가 나온다. 이로써 부몽 부인이 내야 할 돈은 115달러임을 알았다.

 여기서 혹시라도 부몽 부인이 왜 자기 옷은 사지 않았는지 궁금해 하실 분들이 있을까봐 한 마디 덧붙일까 한다. 부몽 부인이 빵집에서 산 것은 파티용 음식이 아니라 자신의 의상 소품이었다.

근사치 구하기

숫자가 클 때는 정확한 계산을 하기 전에 먼저 근사치를 구하는 것이 도움이 된다. 특히 계산기를 쓸 때는 버튼을 잘못 누르는 일이 많기 때문에 근사치를 구해 놓으면 계산기의 결과가 제대로 나왔는지를 확인하기도 좋다.

지난 토요일 요크에서 열린 축구 시합을 보러 온 관중이 38,452명이었고 1인당 입장료는 27.50달러였다고 치자. 이 날의 입장료 수입을 알아보기 위해 경기장 관리인 네 명이 각자 계산기를 두드려서 38,452×27.50(달러)을 계산해 보았더니 이게 웬일인가. 네 사람의 답이 아래와 같이 모두 달랐다.

a 105,930달러   b 1,057,430달러

c 38,479.50달러   d 105,743,000달러

이 중에서 제대로 계산한 사람은 과연 누구일까?

반올림하기

반올림한 숫자를 이용하면 어떤 수치가 맞는지를 대강이라도 확인하고 싶을 때 정답의 근사치를 쉽게 확인할 수 있다. 확인하려는 숫자의 맨 앞자리를 제외

한 나머지 자리를 무조건 0으로 바꾸면 38,452는 30,000이 되어 계산은 쉬워질 것이다. 하지만 정답에 가까운 근사치를 구하려면 둘째 자리 숫자가 5보다 클 때 첫째 자리 숫자에 1을 더하는 방법을 쓰는 것이 좋다. 이렇게 하면 38,452의 둘째 자리는 8이므로 이를 반올림하면 40,000이다. 쉽게 생각하자면 기다란 자 위에서 38,452에 점을 찍었을 때 이 점이 30,000과 40,000의 눈금 중에 어느 쪽에 더 가까울지를 판단하면 된다.

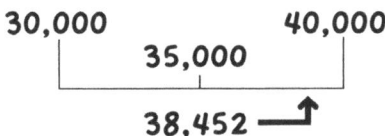

입장료 27.50달러는 첫째 자리를 제외한 나머지 자리를 0으로 바꿔서 20달러라고 할 수도 있지만, 7은 5보다 크므로 반올림해서 30달러로 바꾸는 것이 낫다.

이제 반올림한 숫자들을 가지고 근사치를 구해 보자. 40,000×30이므로 4×3을 계산한 뒤에 0의 개수만큼 뒤에 붙여주면 된다. 4×3=12이고 0은 5개이므로 결과는 1,200,000. 이 근사치에 가장 가까운 답을 구한 사람은 1,057,430이라고 적은 b)이다.

그렇다면 나머지 사람들의 계산은 어디에서 틀린 걸까?

a)는 계산기를 두드릴 때 4를 빼먹었고, c)는 ×대신에 +를 눌렀으며 d)는 27.50에서 소수점을 빼먹었다.

 이제부터 까다로운 계산식이 나오면 이 표시와 함께 간단한 설명과 힌트가 나갑니다.

분수

지금까지는 나눗셈을 했을 때 나눠떨어지는지 아님 나머지가 있는지를 확인하는 것이 전부였다. 이번 장에서는 하나를 여러 조각으로 나눴을 때 나오는 수에 대해 생각해 보기로 하자. 이러한 과정에서 나오는 숫자를 가리켜 수학에서는 보통 분수 또는 소수라고 부르는데, 경우에 따라 분수를 쓰는 게 쉬울 때도 있고 소수로 표현하는 게 쉬울 때도 있으므로 이 부분은 여러분이 상황에 맞게 선택하면 된다.

분수는 아직 나눗셈을 하지 않은 나눗셈 수식과도 같다. 예를 들어 4÷7이라는 나눗셈은 $\frac{4}{7}$라는 분수로 표현할 수 있으며, 읽을 때는 7분의 4라고 읽는다. 모든 나눗셈은 분수로 표현할 수 있으며, 분수로 쓰면 나눈 몫과 나머지는 구할 필요가 없다. 다만 숫자가 위아래로 두 개나 있다는 점이 까다로워 보일 뿐이다.

약분하기

아래 그림과 같이 페퍼로니 피자 한 판을 여덟 조각으로 나눴을 때 한 조각에 해당하는 양은 피자 한 판의 1÷8 또는 $\frac{1}{8}$(또는 8분의 1)이라고 쓸 수 있다. 만약 피자 여섯 조각을 먹었다면 피자 한 판의 $\frac{6}{8}$(또는 8분의 6)을 먹었다고 말할

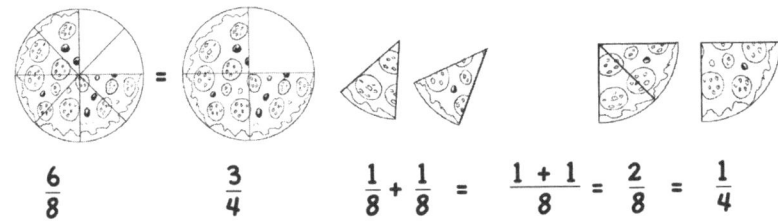

수 있다.

그런데 $\frac{6}{8}$이 분명 분수이긴 하지만 대개는 이렇게 쓰지 않는다.

위의 그림에서 보다시피 $\frac{6}{8}$과 $\frac{3}{4}$은 그 양이 똑같다. 8분의 2와 4분의 1이 같은 양이기 때문이다.

당장 잘라볼 수 있는 피자가 없어서 모르겠다면 숫자로 확인해 보자. 먼저 $\frac{6}{8}$에서 위와 아래에 있는 숫자를 동시에 나눌 수 있는 숫자가 있는지를 찾아본다.

$\frac{6}{8}$ ↙ 6과 8은 모두 2로 나눠떨어진다. $\frac{6 \div 2}{8 \div 2} = \frac{3}{4}$ 짠!

 분수의 위와 아래에 있는 숫자를 같은 숫자로 나누면 분수의 값은 변하지 않는다.

어렵게 생각할 것은 없다. $\frac{6}{8}$의 위아래를 숫자 2로 똑같이 나눠서 $\frac{3}{4}$이 나오는 것을 확인했다면 이번에는 위아래에 같은 숫자를 곱해 보자(왜 이런 걸 확인하는지는 잠시 후에 알게 될 것이다). 예를 들어 6을 곱하면 $\frac{3}{4}$은 $\frac{18}{24}$이 된다.

이 말은 피자를 24조각으로 잘라서 그중 18조각을 먹은

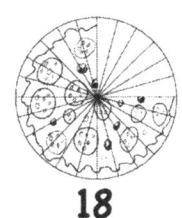

055

양과 전체의 4분의 3을 먹은 양이 똑같다는 뜻이다. 물론 피자 한 조각의 크기는 그림처럼 작았을 테지만.

이렇게 분수의 위아래에 있는 숫자를 같은 숫자로 나눠서 줄이는 것을 약분이라고 하는데, 약분을 하면 계산이 훨씬 수월해진다. 만약 어떤 사람이 당신이 먹을 야채 피자를 84등분이나 내버렸다고 생각해 보라. 그중에서 70조각을 먹었다 해도 이게 얼마나 먹은 건지 얼른 감이 오지 않을 것이다. 이럴 때 약분을 하면 된다. 70과 84가 모두 짝수니까 일단 2로 나눠 보자. 그러면 $\frac{35}{42}$가 나오고, 둘 다 7의 배수라는 걸 알 수 있다. 7로 나눴더니 $\frac{5}{6}$가 되었고, 이렇게 하면 당신이 먹은 피자는 전체의 6분의 5에 해당하는 양이라는 걸 쉽게 알 수 있다.

그런데 앞에서 먹은 페퍼로니 피자와 야채 피자 중에서 어느 피자를 더 많이 먹은 걸까?

어느 쪽이 더 클까? - 분수의 덧셈과 뺄셈

페퍼로니 피자의 $\frac{3}{4}$과 야채 피자 $\frac{5}{6}$ 중에 어느 쪽의 양이 더 많을까?(여기서 비교하는 분수는 비교적 간단한 편이라 옆의 그림만 봐도 알 수 있다. 페퍼로니 피자는 4분의 1이 남았고 야채 피자는 6분의 1이 남았으니 야채 피자를 더 많이 먹은 셈이다.)

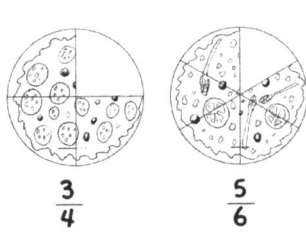

이 부분을 정확히 계산해 보려면 $\frac{3}{4}$과 $\frac{5}{6}$의 아래에 있는 숫자를 같게 만들어 놓고 비교해야 한다. 가장 간단한 방법은 두 분수의 위와 아래에 각각 서로

$\frac{3}{4}$ ↙↖ 비교할 분수의 아래에 있는 숫자를 위와 아래에 모두 곱한다. ↗ $\frac{5}{6}$ 그러면 $\frac{3 \times 6}{4 \times 6} = \frac{18}{24}$

$\frac{5}{6}$ ↙↖ 위와 같은 방법으로 계산한다. ↗ $\frac{3}{4}$ 그러면 $\frac{5 \times 4}{6 \times 4} = \frac{20}{24}$

의 아래쪽에 있는 숫자를 곱하는 것이다.(이를 수학적으로 표현하면 위에 있는 숫자는 분자라 하고 아래에 있는 숫자는 분모라 한다.)

$\frac{3}{4}$은 $\frac{18}{24}$이 되고 $\frac{5}{6}$는 $\frac{20}{24}$이 되므로 두 숫자 중에 $\frac{5}{6}$가 더 큰 것을 알 수 있다.(분수를 소수로 바꿔서 비교하는 방법도 있는데, 이 부분은 72페이지에서 자세히 설명하겠다.)

이번에는 페퍼로니 피자와 야채 피자를 합쳐서 얼마나 먹었는지를 알아보자. 페퍼로니 피자 $\frac{3}{4}$과 야채 피자 $\frac{5}{6}$를 더하면,

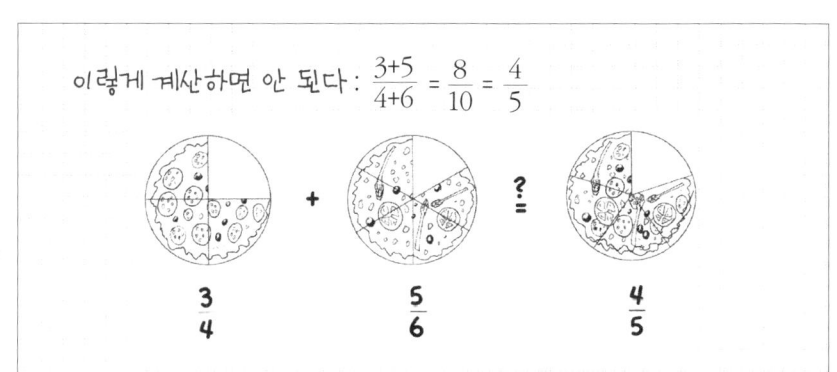

4분의 3과 6분의 5는 애초에 바로 더할 수가 없는 숫자다. 두 숫자를 더하려면 분수 아래에 있는 숫자를 똑같이 만든 후에 더해야 한다. 마침 두 숫자의 크기를 비교하기 위해 앞서 계산한 내용이 있으니 그 부분을 이용하기로 하자. $\frac{3}{4} = \frac{18}{24}$이고 $\frac{5}{6} = \frac{10}{24}$이므로 위에 있는 숫자끼리만 더하면 된다. 아래 그림에서 보듯이 두 분수를 더하는 것은 24조각 낸 피자의 18조각과 20조각을 더하는 것과 같다.

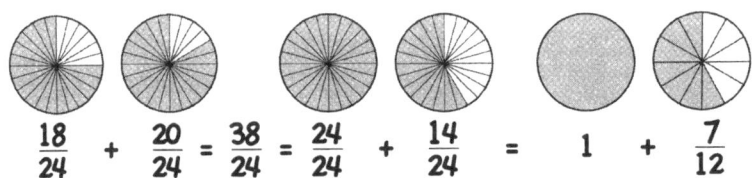

잘려진 피자 조각을 맞추다 보니 $\frac{38}{24}$이 1과 $\frac{7}{12}$로 바뀌었다. 어찌 된 일일까? 둘 중 어느 피자도 12조각이 난 피자가 없었고 7조각을 먹은 피자도 없는데 내가 먹은 피자의 양이 1과 $\frac{7}{12}$이라니 어리둥절할 노릇이다.

분수를 뺄셈할 때도 이런 일이 생긴다. 이번에도 피자 조각으로 $\frac{2}{3} - \frac{3}{5}$을 계산해 보자.

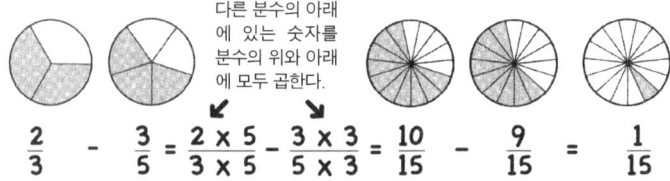

대분수와 가분수

대분수는 $6\frac{1}{2}$처럼 정수와 분수가 같이 있는 분수를 말하며, 가분수는 $\frac{13}{2}$처럼 위에 있는 숫자가 아래 있는 숫자보다 큰 분수를 말한다.(가분수 $\frac{13}{2}$을 달리 쓰면 $6\frac{1}{2}$이 된다!)

대분수를 가분수로 바꾸려면 분수 앞에 있는 정수에 분수 아래 있는 숫자를 곱해서 위에 있는 숫자에 더하면 된다. 말로는 이해하기 어려울 수도 있으니 이번에도 피자 조각으로 설명하겠다.

대분수를 가분수로 바꿀 때 곱셈을 했다면 가분수를 대분수로 바꿀 때는 나

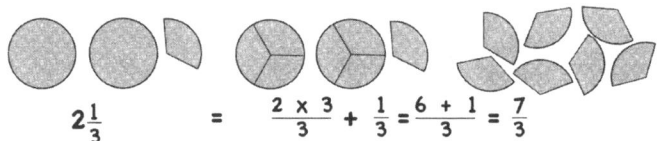

늣셈을 해야 한다. 가분수 $\frac{7}{3}$ 을 대분수로 바꾸려면 먼저 7÷3을 계산하는데, 여기서 몫에 해당하는 2는 분수 앞에 놓고 나머지 1을 3의 위쪽에 적는다. 그러면 대분수 $2\frac{1}{3}$ 이 나온다.

분수를 곱하고 나눌 때는 대분수를 가분수로 바꾸는 것이 좋은데, 그 이유를 이제부터 설명하겠다.

분수의 곱셈과 '의'의 의미

분수를 더하고 빼는 계산은 좀 까다로웠지만, 분수의 곱셈과 나눗셈은 의외로 쉽다.

어떤 숫자 '의' 몇 분의 몇이라는 말은 분수를 곱하라는 뜻일 때가 많다. 예를 들어 '12의 4분의 3을 구하라'는 말을 수식으로 표현하면 $\frac{3}{4} \times 12$를 계산하라는 뜻이다. 이와 같이 분수에 정수를 곱할 때는 분수 위의 숫자에 정수를 곱하고, 아래 숫자로 정수를 나눠야 한다. 이것을 계산하면,

$$\frac{3}{4} \times 12 = \frac{3 \times 12}{4} = \frac{36}{4} = 9$$

분수와 분수를 곱할 때는 위의 숫자는 위의 숫자끼리 곱하고 아래 숫자는 아래 숫자끼리 곱해야 한다.

예를 들어 매주 토요일과 일요일마다 7시간씩 새를 관찰하는 취미를 가진 사람이 있다면, 이 사람이 취미생활에 쏟는 시간은 일주일의 몇 분의 몇을 차지

할까? 하루는 24시간이므로 7시간은 하루 중 $\frac{7}{24}$시간에 해당하며, 토요일과 일요일은 일주일의 $\frac{2}{7}$이므로 이를 계산하면 다음과 같다.

$$\frac{7}{24} \times \frac{2}{7} = \frac{7 \times 2}{24 \times 7} = \frac{14}{168}$$

여기서 끝이 아니다. 분수의 위아래 숫자가 모두 14로 나뉘므로 이것까지 계산하면 답은 $\frac{1}{12}$이 된다. 하지만 애초에 168이라는 큰 숫자를 만들지 않고도 바로 $\frac{1}{12}$을 구하는 방법이 있다. 약분할 수 있는 분수가 있는지를 계산 전에 먼저 확인하는 것이다. 특히 분수의 위아래에 같은 숫자가 있다면 두 숫자를 동시에 지울 수 있으므로 곱셈하기 전에 이것부터 확인하는 것이 좋다.

이런 방법으로 위의 수식을 다시 계산하면,

$$\frac{7 \times 2}{24 \times 7}$$

위 수식에서 서로 곱하려는 분수의 위아래에 똑같이 숫자 7이 있다. 분수의 위에 있는 숫자는 곱해야 할 숫자이고 아래에 있는 숫자는 나눠야 할 숫자이므로 한번은 7을 곱했다가 한번은 7로 나눠야 한다는 뜻이다. 그렇다면 굳이 7을 곱하고 다시 나눌 필요 없이 위아래에 있는 7을 동시에 지우면 된다. 여기서 더 지울 수 있는 숫자가 있는지 확인해 보자.

$$\frac{\cancel{7}^1 \times 2}{24 \times \cancel{7}_1} \quad 이렇게 지우면 \quad \frac{2}{24} \quad \begin{array}{l}\text{분자 2와 분모 24는}\\\text{2로 나눌 수 있다}\end{array} \quad \frac{\cancel{2}^1}{\cancel{24}_{12}} \quad 이렇게 지우면 \quad \frac{1}{12}$$

이렇게 하면 처음보다 간단하게 답을 구할 수 있다. 그나저나 새를 관찰하는 데 일주일의 12분의 1에 해당하는 시간을 쓴다는 것은 12분마다 1분씩 새를 쳐

다본다는 뜻이고, 1년 열두 달 중에 한 달은 새만 보고 있다는 뜻이다!(여러분이 출퇴근하는 시간이나 취미생활에 쏟는 시간을 이런 식으로 계산해 보면 아마도 상당한 시간이 나올 것이다. 일례로 사람들이 샤워하는 데 쓰는 시간을 평균적으로 계산하면 1년 중 열흘은 욕실에서 보낸다고 한다.)

일간지 퀴즈 코너에 간간이 실리는 문제 중에 $\frac{9}{10} \times \frac{8}{9} \times \frac{7}{8} \times \frac{6}{7} \times \frac{5}{6} \times \frac{4}{5} \times \frac{3}{4} \times \frac{2}{3} \times \frac{1}{2}$ 의 값을 구하라는 퀴즈를 본 적이 있을 것이다. 이렇게 길고 긴 분수 곱셈 퀴즈를 낸 사람은 필시 당신이 분수를 곱하느라 하루 종일 끙끙대기를 기대하며 문제를 냈겠지만 우리는 조금도 고생할 필요가 없다. 마치 가제트 형사를 괴롭히는 클로우 박사가 뚱보 고양이를 쓰다듬으며 끊임없이 음흉한 계략을 꾸미지만 매번 실패하는 것처럼 이 문제도 약분만 잘하면 순식간에 풀 수 있다. 약분한 결과는 어떤가. 위아래로 같은 숫자들을 모두 지우고 나면 남는 숫자는 $\frac{1}{10}$ 밖에 없다!

분수의 나눗셈

 분수를 분수 또는 정수로 나눌 때는 나눗수의 위아래 숫자를 뒤집어서 곱한다.

이건 또 무슨 소리냐고 하실 분들을 위해 간단한 예를 들어 설명하겠다. 지금 당신은 10마일 정도 떨어진 마을에 사시는 친척 아주머니댁에 가는 길이다. 아주머니댁까지 절반쯤 왔을 때 아주머니에게 전화를 드리려면 얼마나 가서 전화를 드려야 할까? '10마일의 2분의 1'을 계산식으로 바꾸면 $10 \times \frac{1}{2}$ 이 되며, 달리 말하면 '10을 2로 나누면 얼마인지'를 구하라는 것과 같다.

나눗수가 정수일 때는 정수 아래에 숫자 1이 있다고 생각하고 위아래를 바꿔서 곱하는데, 이를 계산식으로 쓰면 $\frac{10}{1} \times \frac{1}{2} = \frac{10}{1} \div \frac{2}{1}$ 이다. 수식에서 보듯이

2나 $\frac{2}{1}$로 나누는 것은 $\frac{1}{2}$로 곱하는 것과 같다.

나눗수가 분수일 때는 어떻게 할까? 예를 들어 의자 하나를 칠할 때 작은 페인트통의 $\frac{2}{3}$가 필요한데(정말 작은 용량의 페인트라고 가정하자.), 페인트가 여덟 통뿐이라면 의자를 몇 개나 칠할 수 있을지 계산해 보자.

우선은 단순한 계산을 통해 개념을 정리해 보자. 책상 하나를 칠할 때 드는 페인트가 2통이고 갖고 있는 페인트가 8통이라면 8÷2=4이므로 책상 4개를 칠할 수 있다.

여기서 페인트통의 개수를 어떤 숫자로 나눴는지를 보라. 의자 문제 역시 페인트통의 개수를 의자 하나에 필요한 페인트의 양으로 나누면 된다. 이것을 식

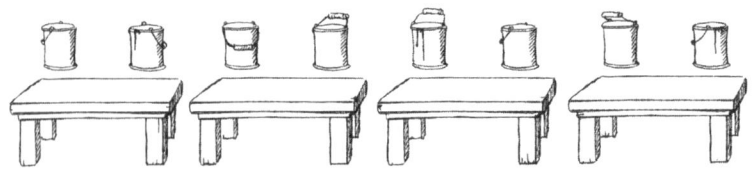

으로 쓰고 계산하면,

페인트 8통으로 칠할 수 있는 의자는 12개. 나눗수는 8이었는데 희한하게도

$$8 \div \frac{2}{3} = 8 \times \frac{3}{2} = \frac{8 \times 3}{2} = \frac{24}{2} = 12$$

나누고 난 뒤의 숫자가 더 커졌다. 이렇게 분수로 나눌 때는 항상 나눗수보다 나눈 뒤의 숫자가 더 크다.

 모든 계산을 하기 전에 결과의 근사치를 생각해 보는 것이 좋습니다. 의자 문제와 같은 경우 의자 1개당 페인트 $\frac{2}{3}$가 필요하므로 페인트 한 통에서 조금 남을 테고 의자 8개를 칠하면 페인트 8통마다 조금씩 남을 것이므로 정답은 8보다 클 것임을 짐작할 수 있습니다. 계산한 값(12)이 미리 생각해 놓은 근사치(8 이상)에서 크게 벗어나지 않으면 계산 결과에 대해 좀 더 안심할 수 있답니다.

헷갈리는 분수 나눗셈

나눗셈에 대한 설명을 마치기 전에 분수를 분수로 나누는 문제 하나를 더 보고 넘어가기로 하자. 이번 문제는 머리맡에 적어 놓기만 해도 악몽을 꿀 것 같은 분수 나눗셈이긴 하다. 아래 그림과 같은 연못을 채우려면 몇 개의 기름통에 물을 부어야 할까?

연못을 채우는 데 필요한 물은 $85\frac{1}{2}$바가지

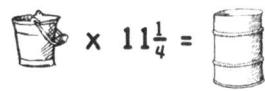
기름통 하나에 들어가는 물은 $11\frac{1}{4}$바가지

 문제를 풀기 전에 정답이 어떤 범위 안에서 결정될지를 알아봅니다. 이렇게 하면 보다 확실한 정답을 구할 수 있습니다. 기름통에 들어가는 물은 대략 10바가지 정도이고 연못에 필요한 물은 대략 80바가지라고 치면, 물을 담는 데 필요한 기름통은 대략 80÷10=8이 됩니다.

정답을 구하려면 근사치가 아니라 정확한 값을 써야 하므로 실제로 계산할 식은 $85\frac{1}{2} \div 11\frac{1}{4}$이다.

우선 분수의 형태를 계산 가능한 모양으로 바꾸면 $85\frac{1}{2} = \frac{85 \times 2 + 1}{2} = \frac{171}{2}$ 이 되고, $11\frac{1}{4} = \frac{11 \times 4 + 1}{4} = \frac{45}{4}$ 가 된다. 이 분수를 사용해서 수식을 다시 쓰면 $\frac{171}{2} \div \frac{45}{4}$ 이다. 이제 분수를 분수로 나누는 계산을 해보자.

$$\frac{171}{2} \div \frac{45}{4} = \frac{171}{2} \times \frac{4}{45} = \frac{171}{1} \times \frac{2}{45} = \frac{19 \times 2}{5} = \frac{38}{5} = 7\frac{3}{5}$$

- 위아래를 바꿔서 곱한다
- 약분! 위아래 숫자를 2로 나눌 수 있다
- 한 번 더 약분! 위아래 숫자를 9로 나눌 수 있다
- 계산 완료!

정답으로 나온 $7\frac{3}{5}$ 은 앞서 근사치로 구한 8에 가까운 수치이므로 계산이 틀리지 않았다고 생각해도 되겠다. 이정도 나눗셈이 되면 이제 당신의 기본적인 연산 능력에 대해 무한한 자부심을 가져도 될 것 같다.

비율

수학 문제가 아니더라도 비율을 계산해야 할 상황은 자주 생긴다. 희석해서 써야 하는 세제를 사와도 비율을 고려해야 하며 2인분 기준의 요리법을 보고 4인분 식사를 만들어야 할 때도 비율을 고려해야 한다. 간혹 텔레비전 리모컨을 잘못 만져서 화면비율이라도 이상해지는 날이면 온 식구가 매달려서 리모컨을 눌러 보며 딱 맞는 비율을 찾기에 바빴던 기억도 있을 것이다. 이번 기회에 비율을 구하는 요령을 익혀두면 언제 닥칠지 모를 여러 재앙(?)을 미리 막을 수 있을 것이다. 이를 테면 세제를 잘못 써서 빨래를 망치거나 당신의 요리를 먹은 친구가 배탈이 난다거나 뉴스에 나온 아나운서가 씨름선수처럼 보이는 일은 없어야 하지 않겠는가.

당신의 텔레비전은 몇 대 몇?

일반적으로 텔레비전의 크기를 말할 때 비율을 따지는데, 이때 등장하는 두 개의 숫자는 텔레비전의 너비와 높이를 뜻한다. 기존의 텔레비전은 화면 비율이 모두 4:3이었는데, 이것은 너비 400mm, 높이 300mm인 텔레비전이란 뜻이다. 예전에는 텔레비전을 큰 것으로 바꿔도 화면 비율은 바꾸지 못했다. 고정된 비율로 나오는 화면을 텔레비전에서 바꿔 버리면 화면에 나오는 사람이 두 배로 보이거나 절반으로 보이기 때문이다. 그렇다면 4:3 비율이고 너비가 600mm인 텔레비전은 높이가 얼마일까? 너비와 높이의 비율이 4:3이라고 했으니까 600의 $\frac{3}{4}$이거나 $\frac{4}{3}$인데, 둘 중 어느 쪽에 곱하는 게 맞을까? 잘 모르겠다면 아주 상식적으로 생각하면 된다. 4:3의 비율로는 높이가 너비보다 작으므로 $\frac{3}{4}$을 곱하면 600mm × $\frac{3}{4}$ = 450mm가 된다. 텔레비전은 커져도 화면비율은 종전과 똑같은 비율이 유지됨을 알 수 있다.

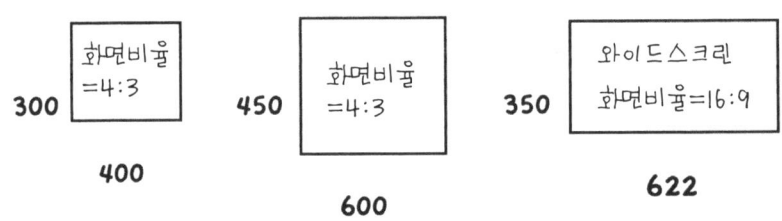

이와는 달리 와이드스크린 텔레비전은 화면비율이 16:9이다. 이 텔레비전의 높이가 350mm이면 너비는 얼마일까? 높이보다 너비가 더 큰 숫자로 나올 테니 350 × $\frac{16}{9}$을 계산하면 622mm라는 답이 나온다.

이렇게 간단한 계산 한 번이면 딱 맞는 텔레비전 비율을 찾는 것은 이제 식은 죽 먹기다. 집에 있는 텔레비전이 이상해 보이면 바로 화면을 조정해 보자. 텔레비전을 바꿔야 하는 상황만 아니라면 텔레비전 크기에 상관없이 최적의 비율을 찾을 수 있을 것이다.

그림자의 길이

비율 계산법을 쓰면 커다란 동상(높은 나무 또는 고층 빌딩)의 높이도 구할 수 있다. 단, 강렬한 태양과 막대, 줄자가 있어야 한다. 먼저 막대를 땅에 세운 뒤 막대 길이와 막대의 그림자의 길이, 동상에 생긴 그림자의 길이를 잰다.

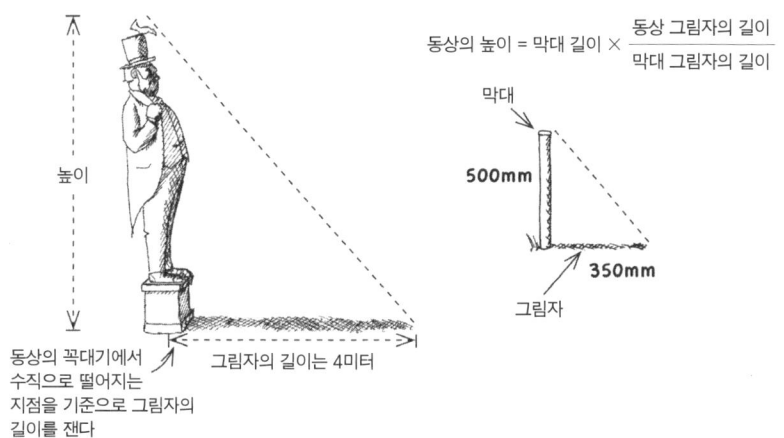

그림을 잘 보면 동상 꼭대기와 그림자를 연결한 점선으로 만들어진 삼각형과 막대로 만들어진 삼각형이 서로 닮은꼴임을 알 수 있다. 닮은꼴 도형은 크기는 다르지만 모양은 같아서 가로 세로 등의 비율이 같다. 때문에 막대 길이와 막대 그림자 길이 간의 비율이 동상 높이와 동상 그림자 길이 간의 비율과 같다고 생각하면 된다.

막대 길이는 500mm이고 그림자 길이는 350mm이므로 막대와 막대 그림자의 길이 비율은 500:350이다. 일단 비율을 알았으므로 이번에는 분수를 계산할 때처럼 숫자를 줄여 보자.

500:350 → 두 수를 10으로 나눈다 → **50:35** → 다시 한 번 두 수를 5로 나눈다 → **10:7**
숫자를 줄이니까 훨씬 보기 편하다!

막대 : 그림자의 비율이 10:7로 나왔고, 동상 그림자의 길이가 4미터이므로 이제 동상의 높이를 구할 일만 남았다. 막대 길이가 막대 그림자 길이보다 긴

것처럼 동상 높이도 그림자 길이보다는 길 것이라 짐작하면 계산이 쉽다. 동상의 높이를 구하려면 동상 그림자의 길이에 $\frac{10}{7}$을 곱한다. 그러면 결과는 $\frac{40}{7}$, 즉 $5\frac{5}{7}$ 미터가 된다.

재료의 혼합 비율

콘크리트를 만들려면 시멘트와 모래, 골재(광물)를 적정 비율로 섞어야 하는데 그 비율은 다음과 같다.

시멘트 : 모래 : 골재 = 1 : 2 : 4

만약에 모래 3톤을 넣어 콘크리트를 만들고 싶다면 시멘트와 골재는 얼마나 있어야 할까?

위의 비율을 보면 시멘트 1톤당 모래 2톤과 골재 4톤이 필요하며, 비율이 정해져 있다는 것은 한 가지 재료라도 양이 바뀌면 나머지 재료도 같은 비율로 바꿔 줘야 한다는 뜻이다. 그 비율을 맞추려면 각 재료의 비율에 같은 숫자를 곱해서 양을 조절해야 하는데, 모래가 2에서 3으로 바뀌었으므로 각 비율에 곱할 숫자는 $\frac{3}{2}$이 된다. 이 숫자를 모두 곱하면 재료의 비율은 $\frac{3}{2}$:3:6이 된다.

이 비율을 적용하면 모래가 3톤일 때 시멘트와 골재는 각각 $1\frac{1}{2}$톤과 6톤이 있어야 함을 알 수 있다.

이번에는 콘크리트 10톤을 만들려고 한다면 각각의 재료들은 얼마나 있어야 할까? 비율대로라면 시멘트 1톤당 모래 2톤과 골재 4톤을 넣었을 때 만들어지는 콘크리트의 양은 7톤이다.

이 콘크리트가 10톤으로 바뀌면 재료의 비율에도 $\frac{10}{7}$을 곱해서 양을 조절해야 한다. 그러면 시멘트는 $\frac{10}{7}$톤, 모래 $\frac{20}{7}$톤, 골재 $\frac{40}{7}$톤이 된다. 분수들을 보기

좋게 정리하면 시멘트 $1\frac{3}{7}$, 모래 $2\frac{6}{7}$, 골재 $5\frac{5}{7}$가 필요함을 알 수 있다.

소수

피자나 페인트 등의 물건을 나눌 때는 2분의 1이나 3분의 1처럼 분수로 표시하는 게 편하지만, 수치나 돈의 액수를 적을 때는 소수로 적는 것이 훨씬 편하다. 만약 $\frac{14}{19}$와 $\frac{27}{35}$처럼 분수의 위아래에 있는 숫자가 커지면 두 수의 크기를 비교하기가 쉽지 않지만 이를 소수로 바꾸면 두 수를 한 눈에 비교할 수 있다.

소수점

대분수 $731\frac{5}{8}$를 소수로 바꾸면 731.625이다. 그런데 분수 앞에 있던 731은 소수에도 그대로 남아 있지만 $\frac{5}{8}$에 해당하는 부분은 어떻게 해서 0.625로 바뀌었을까? 어떤 과정을 거쳐서 분수를 소수로 바꾸는지 알아보자. 그 전에 731.625라는 소수를 살펴보면,

소수점 왼쪽에 있는 숫자에서 7은 700, 3은 30, 1은 1을 뜻한다. 하지만 소수점 오른쪽에 있는 숫자 6은 10분의 6, 2는 100분의 2, 5는 1,000분의 5를 뜻한

다. 즉, 소수점을 기준으로 왼쪽으로 가면 숫자의 값이 10배씩 커지지만, 소수점의 오른쪽으로 갈수록 그 값이 10분의 1씩 줄어든다. 소수점 오른쪽에서도 숫자는 무한대로 많아질 수 있지만 이 숫자들을 읽을 때마다 1,000분의 10이나 1,000분의 100이라고 읽지는 않는다. 그러면 읽기도 힘들고 계산은 더 힘들기 때문이다. 그래서 소수점 아래에 있는 숫자를 읽을 때는 간단하게 숫자 하나하나만 읽어 준다. 이번에는 다음 문장을 큰소리로 읽어 보자. 간식을 먹으면서 이 책을 보고 있는 독자들은 더 큰 소리로 읽기 바란다.

 소수를 적을 때 소수점 앞에 오는 숫자가 없을 때는 그 자리에 0을 적어 준다.

소수의 반올림

분수를 소수로 바꿨을 때 모든 분수가 731.625처럼 짧은 소수로 전환되는 것은 아니다. 어떤 경우엔 소수점 아래로 수백만 수십억 자리까지 내려가기도 해서 그 숫자를 다 쓸 수가 없을 때도 있다. 이럴 때는 소수를 반올림하는데, 어디에서 반올림해야 원래의 값에 가까울지도 생각해야 한다. 예를 들어 $\frac{1}{6}$을 소수로 전환하면 0.166666666…과 같이 숫자 6이 무한 반복되는데, 평생 이것만 계산하고 있을 생각이 아니라면 어딘가에서 반올림을 해야 한다. 대강의 값을 가늠해 보기 위해 소수점 셋째 자리에서 반올림을 해보자. 그러면 분수 $\frac{1}{6}$의 값은 0.166과 0.167사이에 있는 숫자가 된다. 둘 중에서 어느 숫자에 더 가까운지를 알아보려면 소수점 넷째 자리의 숫자(여기서는 6)를 보고 이 숫자가 5보다 크면 올린다. 이렇게 반올림하면 0.167이므로 0.16666…은 0.167에 가까운 숫자임을 알 수 있다. 반올림하려는 소수가 양쪽의 숫자 중에 어느 쪽에 가까운지 헷갈린다면 다음 그림처럼 괘선 위에 소수를 표시해서 확인할 수도 있다.

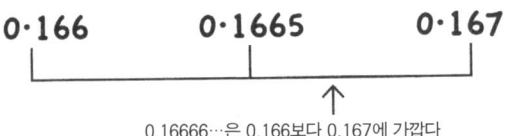

0.16666…은 0.166보다 0.167에 가깝다

 나눠떨어지지 않는 나눗셈에서 같은 숫자가 끝없이 반복되는 소수가 나오는 경우가 있다. 이러한 소수를 가리켜 유리수라고 한다.

분수를 소수로 또는 소수를 분수로 바꾸기

앞서 분수를 설명했던 내용을 기억하는가? 분수는 아직 나누기를 하지 않는 나눗셈식과 같으며, 소수는 이를 실제로 나눗셈했을 때 나오는 숫자라고 생각하면 된다.

분수에서 소수로

분수 $\frac{5}{8}$를 소수로 바꾸려면 5÷8이라는 나눗셈을 해야 한다. 일단 5에는 8이 들어갈 여유가 없다.(물론 소수까지 계산할 필요가 없다면 몫은 0이고 나머지는 5라고 말하고 끝내도 된다.) 하지만 이번에는 앞서 배운 소수점의 개념을 십분 활용해서 5를 5.000000이라 적고 나눠보기로 하자. 나누는 방법은 일반 나눗셈과 똑같으며, 소수점 이하부터는 오른쪽으로 한 칸씩 옮겨갈 때마다 위에서 아래로 0을 하나씩 내려주면 된다.

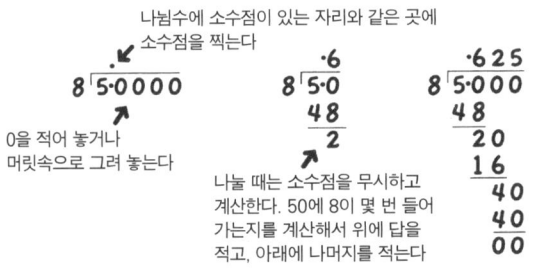

위의 식대로 계산하면 $\frac{5}{8}$=0.625가 나온다.

 물론 계산기를 쓰면 5÷8과 같은 계산은 쉽게 할 수 있지만 계산기에 의존하지 않고 직접 계산해 보자는 뜻으로 자세한 계산 방법을 적었다.

소수에서 분수로

소수점 아래 숫자가 하나뿐인 소수를 분수로 바꿀 때는 10분의 몇의 형태로 바꿀 수 있다. 가령 소수 0.6을 분수로 바꾸면 $\frac{6}{10}$이 되는 식이고 이를 약분해서 간단하게 $\frac{3}{5}$이라 쓰기도 한다.

소수점 아래 숫자가 두 개라면 100분의 몇으로 바꾼다. 가령 0.75를 분수로 바꾸면 $\frac{75}{100}$가 되고 이를 약분하면 $\frac{3}{4}$이 된다. 물론 모든 소수가 간단한 분수로 바뀌는 것은 아니다. 0.76이나 0.77과 같은 소수 역시 분수로 바꾸면 $\frac{76}{100}, \frac{77}{100}$이지만 $\frac{76}{100}$은 약분해도 $\frac{19}{25}$이고, $\frac{77}{100}$은 아예 약분이 되지 않는다.

하지만 소수 중에는 소수점 아래 숫자가 세 개 이상인 경우가 많아서 분수로 바꾸는 과정도 더 복잡해진다. 0.692308과 같은 소수를 분수로 바꿔 보자. 조금 쉽게 계산하려면 소수점 둘째 자리에서 반올림해서 0.7로 만들고 이를 분수로 바꾸면 된다.(정확한 계산을 위해 0.692308을 소수점 여섯째 자리에서 반올림하면 $\frac{9}{13}$가 나온다. 하지만 쉽게 계산한 결과인 $\frac{7}{10}$과 큰 차이가 없으니 여기서는 굳이 어렵게 계산할 필요가 없다.)

소수가 분수보다 쉬웠어요

분수를 더하고 뺄 때는 아래에 있는 숫자를 맞춰야 하기 때문에 계산이 길어지기 마련이지만, 이를 소수로 바꾸면 계산이 한결 쉬워진다. 56페이지에서 피자 $\frac{3}{4}$ 조각과 $\frac{5}{6}$ 조각의 양을 더했던 경우를 예로 들어 보자.

$\frac{3}{4}$과 $\frac{5}{6}$을 계산기에 치면 각각 0.75와 0.83333이라는 값이 나오며, 이를 더하면 두 분수를 더한 값에 해당하는 1.58333이 나온다. 어떤가? 분수를 소수로 바꿨더니 계산이 훨씬 쉬워졌다. 그런데 피자를 어느 정도 먹어야 1.58333조각이라 할 수 있을까? 이 부분이 더 어려운 문제인 것 같다.

큰 숫자가 나오는 분수를 소수로 바꿀 때는 계산기를 쓰는 것도 괜찮다. 가령 $\frac{14}{19}, \frac{27}{35}, \frac{32}{41}, \frac{36}{47}$을 크기순으로 나열하라는 문제가 있다면 분수를 모두 소수로 바꿔서 비교하는 게 가장 쉽다. 위의 분수들을 모두 소수로 바꾸면 0.737, 0.771, 0.780, 0.766이 되고 이렇게 보면 $\frac{32}{41}$가 제일 크다는 것을 한눈에 알 수 있다.

이상한 모양의 소수

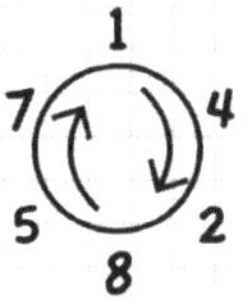

- $\frac{1}{9}$=0.111111…, $\frac{2}{9}$=0.2222222…, $\frac{3}{9}$=0.3333333….
- $\frac{1}{11}$=0.090909…
- $\frac{1}{7}$=0.142857142857142857…, $\frac{2}{7}, \frac{3}{7}, \frac{4}{7}, \frac{5}{7}, \frac{6}{7}$ 역시 소수로 바꾸면 그림과 같은 순서의 숫자들이 비슷한 형태로 나온다. 가령 $\frac{2}{7}$=0.2857142857142857.
- $\frac{1}{9801}$=0.00 01 02 03 04 05 06 07 08 09 10 11 12 13…

10, 100, 1,000으로 나누고 곱하기

어떤 숫자에 10을 곱하면 원래의 숫자 끝에 0을 하나 더 붙이면 된다고 배웠다. 하지만 0을 '붙이는' 것이 아니라 원래의 숫자가 한자리씩 위로(왼쪽으로) '이동하는' 것이라고 생각해 보면 어떨까? 이렇게 생각하면 37×10=370이라는 계산식이 달리 보인다.

```
1000의 자리  100의 자리  10의 자리  1의 자리  소수점  10분의 1  100분의 1  1000분의 1
              3    7    •
         ×              1    0    •
         =    3    7    0    •
                              ↑
                         빈자리는
                         0으로 채운다

1000의 자리  100의 자리  10의 자리  1의 자리  소수점  10분의 1  100분의 1  1000분의 1
              3    7    •
         ÷         1    0    0    0    •
         =                    •    0    3    7
                                   ↑
                              빈자리는
                              0으로 채운다
```

모든 숫자가 왼쪽으로   모든 숫자가 오른쪽으로
한 칸씩 이동한다   세 칸씩 이동한다

   곱셈과 마찬가지로 10으로 나눌 때 역시 모든 숫자가 한자리씩 아래로(오른쪽으로) 이동한다고 생각하자. 37÷10=3.7의 계산식을 예로 들면 나뉨수 전체가 오른쪽으로 이동하는 바람에 숫자 7이 소수점 아래로 내려왔다. 나눗수가 100으로 바뀌면 아래로 두 자리를 내려와야 하고, 1,000으로 바뀌면 세 자리를 아래로 내려와야 한다. 이렇게 세 자리 이상 아래로 내려와서 소수점과 나뉨수 사이에 빈자리가 생기면 그 자리는 37÷1,000=0.037에서와 같이 0으로 채운다.

   소수에 10, 100, 1,000과 같은 숫자를 곱할 때는 왼쪽과 오른쪽으로 움직일 자릿수만 잘 맞추면 되므로 계산은 어려울 게 없다. 다음 수식만 봐도 알 수 있듯이 이런 계산은 웬만한 정수의 곱셈이나 나눗셈보다 쉽다.

   0.0451×100=4.51   0.0023÷10=0.00023

소수 연산법

   소수끼리 더하고 빼는 계산은 아주 쉽다. 수식을 적을 때 더하거나 뺄 숫자들의 소수점이 같은 자리에 오도록 써야 하는 것만 빼면 일반적인 수식을 적을 때와 똑같은 요령으로 적는다. 예를 들어 4.07-0.256을 계산하면 계산식은 이와 같이 쓰면 된다. 여

$$\begin{array}{r} 4.070 \\ -\,0.256 \\ \hline =3.814 \end{array}$$

기에서 숫자 6 위에 있지도 않던 숫자 0이 있다고 놀라지 마시길! 4.07의 소수점 아래로 두 자리밖에 없기 때문에 0.256과 자릿수가 맞지 않아서 숫자 6이 외롭지 않도록 적어 놨을 뿐이다.

눈앞에 시험지가 놓여 있거나 초등학생 조카가 풀고 있는 산수 문제를 도와 줘야 하는 상황이 아니라면 계산기도 없이 소수를 곱하거나 나누는 사람은 별로 없다. 그래도 혹시 급하게 소수를 계산해야 할 일이 있는데 계산기에 들어 있는 건전지가 떨어져서 직접 알아볼 수밖에 없는 상황이 생긴다면? 그때를 대비해서라도 지금 소수의 곱셈을 연습해 보기로 하자. 부몽 부인은 지방 0.04퍼센트의 저지방 요구르트를 좋아한다. 어느 날 부몽 부인은 저지방이니까 괜찮으리란 생각에 요구르트를 1.2리터나 먹어치웠다. 오늘 하루 부몽 부인이 섭취한 지방은 얼마나 될까?

부몽 부인이 먹은 지방의 양을 알아보려면 1.2×0.04를 구해야 한다. 수식에 쓰인 소수가 비교적 단순한 편이지만, 소수를 곱할 때는 항상 소수점 아래 자릿수를 먼저 확인해야 한다. 여기서는 소수점 아래에 있는 숫자가 세 개(2, 0, 4)다. 일단 소수점을 무시하고 숫자만 곱하면 $12 \times 04 = 48$이 나오는데, 이때 원래의 수식에서 확인해 놓은 소수점 아래 자릿수가 몇 개인지에 따라 다시 소수점을 붙여 준다. 수식을 계산한 값은 48이고 소수점 아래 자릿수는 3이므로 정답은 0.048이 된다.

0.048리터(또는 48밀리리터)의 지방이면 당근만한 촛대를 하나 만들고도 남을 정도의 양인데, 부몽 부인은 그걸 하루에 몽땅 들이부었다니. 말만 들어도 속이 울렁거리는 것 같다.

소수 연산이 복잡해질 때

소수를 계산할 일이 가장 많은 경우는 단위를 환산할 때다. 리터를 파인트로 바꾸거나 미터를 인치로 바꾸는 등의 단위 환산에 대해서는 136페이지에서 자세히 다룰 예정이지만 이야기가 나온 김에 간단하게 짚어 보기로 하자. 소수를 계산할 때도 근사치를 먼저 구한 뒤에 정확한 계산에 들어갈 것이다.

여행을 가기 위해 짐을 싸던 당신은 문득 짐의 무게에 제한이 있다는 사실이 떠올랐다. 당장 집에 있는 저울에 짐을 올려 보니 48.1달러라고 나왔지만 항공 규정에는 23kg이라고 표기되어 있으니 짐을 그대로 가져가도 되는지 알 수가 없다. 1달러가 몇 킬로그램인지를 찾아봤더니 1달러=0.454kg이라고 한다. 이 비율에 따라 짐의 무게를 계산할 식을 세우면 48.1×0.454이 된다.

 48.1은 50에 가깝고 0.454는 0.5에 가까우므로 이 값으로 계산식을 다시 쓰면 50×0.5=25라는 근사치가 나옵니다.

오, 이런! 근사치를 보니 규정을 초과하는 무게가 나와 버렸다. 여행지에서 신으려고 챙겨 넣은 카우보이 부츠를 가방에서 다시 빼내야 할지도 모르게 생겼다. 하지만 아직 정확한 값은 구하지 않았으므로 희망을 잃지 말고 끝까지 계산해 봐야 한다. 0.454를 소수로 곱하기가 복잡하니 분수 형태로 바꿔서 수식을 써보자.

$$48.1 \times 0.454 = \frac{481}{10} \times \frac{454}{1000} = \frac{481 \times 454}{10 \times 1000} = \frac{218374}{10000} = 21.8374$$

다행히도 짐무게가 22kg이 넘지 않음을 확인했으니 카우보이 부츠는 빼지 않아도 되겠다!

 소수를 곱할 때도 32페이지에서 배운 '그림으로 곱하기' 방법을 쓸 수 있다.

소수를 소수로 나눌 때도 이와 비슷한 방법으로 계산한다. 마을에서 열린 자선 바자회에서 마음에 쏙 드는 오렌지색 바지를 발견했는데, 옷은 32인치라고 하고 당신의 줄자로 잰 허리 사이즈는 1.14미터라고 한다면 이 바지를 입을 수 있을까? 1인치는 0.0254미터와 같으므로 미터를 인치로 바꾸기만 하면 바지가 맞을지 안 맞을지 알 수 있다. 안 맞는 옷을 입어 봤다가 괜히 창피해 하지 말고 그 전에 사이즈부터 확인해 보자. 미터를 인치로 바꾸려면 1.14÷0.0254를 계산해야 한다.

> **근사치 구하기!** 1.14는 1에 가깝고 0.0254는 0.03에 가까우므로 계산식을 다시 쓰면 $1 \div \frac{3}{100}$입니다. $\frac{3}{100}$으로 나누는 것은 $\frac{100}{3}$으로 곱하는 것과 같으므로 근사치를 구할 계산식은 $1 \times \frac{100}{3}$이 되고 이를 계산하면 $\frac{100}{3}$, 대략 33이 나옵니다.

계산한대로 남자의 허리가 33인치가량 나온다면 바지를 한번 입어 봐도 괜찮을 것 같지만, 그래도 혹시 모르니 정확한 사이즈를 계산해 봐야 한다.

$$1.14 \div 0.0254 = \frac{114}{100} \div \frac{254}{10000} = \frac{114}{100} \times \frac{10000}{254} = \frac{1140000}{25400} = \frac{11400}{254} = 44.88$$

정확한 계산 끝에 나온 당신의 허리둘레는 무려 44.88인치. 오렌지색 바지를 탈의실에서 입었다가는 바지가 다 찢어질 뻔했다. 하지만 바지 사이즈가 맞았더라도 오렌지색 바지를 입고 다니기는 좀 창피하지 않았을까?

여기서 잠깐! 근사치인 33과 정답인 44.88은 너무 차이가 많이 난다고 하실 분들을 위해 설명을 덧붙여야겠다. 소수를 계산할 때 근사치를 구하는 이유는 수식에 숫자 0이 많아서 답을 제대로 구해 놓고도 소수점을 틀리게 적을 수 있기 때문이다. 근사치는 33인데 정답이 4,488이나 0.04488이라고 나왔다면 소수점과 자릿수에서 많은 차이가 나므로 계산이 잘못됐음을 알아챌 수 있다.

거듭제곱과 근

 학교를 졸업한 뒤로 거듭제곱이나 거듭제곱근을 직접 계산해 본 게 언제인지도 모를 만큼 평소에는 이런 계산을 할 일이 거의 없다. 하지만 면적이나 부피를 알아야 할 경우가 생기면 어김없이 따라오는 개념이 거듭제곱과 거듭제곱근이다. 뿐만 아니라 경주용차를 디자인하거나 우주여행을 계획할 때도 거듭제곱과 거듭제곱근이 필요하다. 거듭제곱과 거듭제곱근은 움직이는 물체의 속도와 가속도, 정지거리, 연료의 사용량 등을 측정하는 데 꼭 필요한 개념이기 때문이다.

제곱과 제곱근

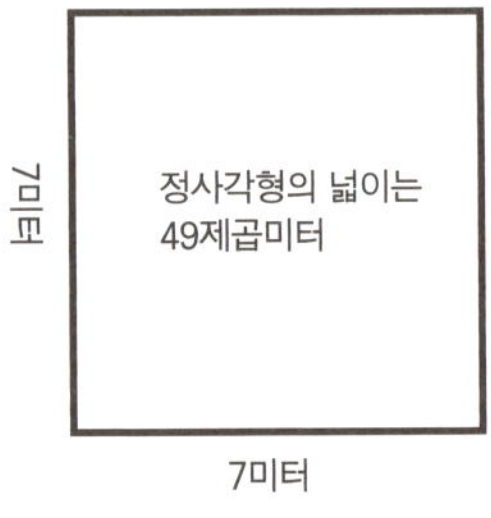

 제곱수에 대한 내용은 25페이지에서 곱셈을 배울 때 이야기한 바 있다. 제곱수는 대개 면적을 구할 때 많이 나오며, '7×7'이나 '7^2', '7의 제곱'과 같은 식으로 쓴다. 그림과 같은 사각형의 면적을 구할 때 제곱 계산을 하는데, 셋 중에 어떤 식으로 표현하더라도 그 결과는 모두 49가 나온다.

 이와 반대로 면적이 49제곱미터인 정사각형의 가로 세로 길이를 구하려면 어떻게 할까? 같은 숫자를 두 번 곱했을 때 49가 나오는 숫자를 찾아야 하며, 이 숫자를 가리켜 49의 제곱근이라 한다. 제곱근을 표시할 때는 $\sqrt{49}$ 또는 $49^{\frac{1}{2}}$(49의 2분의 1승이라 읽는다)이라 쓰며 어떤 방법으로 쓰든지 간에 이 숫자들이 나타내는 값은 모두 7

| 넓이가 19제곱미터인 정사각형 |

4.3588989미터

이다.(49의 제곱근은 7뿐만이 아니다. 음수와 음수를 곱해도 양수가 되므로 -7 역시 49의 제곱근이다.)

정사각형의 넓이가 1, 4, 9, 16, 25와 같은 제곱수인 경우에는 제곱근을 구하기가 쉽다. 하지만 제곱수가 아닌 숫자의 제곱근은 어떻게 구할까? 가령 넓이가 19제곱미터인 정사각형의 한 변의 길이를 구해 보자.

19의 제곱근은 $\sqrt{19}$라고 쓰면 되지만 이를 계산했을 때 어떤 숫자가 나올지는 대략의 수치를 가늠해 봐야 알 수 있다. $\sqrt{16}=4$이고 $\sqrt{25}=5$이므로 19의 제곱근은 아마도 4와 5 사이의 숫자일 것이다.

계산기 없이 19의 제곱근을 구하기는 쉽지 않으므로 이 부분은 계산기의 힘을 빌리도록 하자. 계산기에 <19√ >를 입력하고 엔터를 치면 4.3588989… 라는 숫자가 뜬다. 이처럼 소수점 아래의 숫자가 반복 없이 무한히 계속되는 숫자를 무리수라 부르는데, 정수가 아닌 제곱근은 모두 무리수 형태이다.

거듭제곱과 거듭제곱근

제곱 다음으로 자주 등장하는 거듭제곱은 세제곱이다. 6^3은 '6의 3승'이라 읽으며 다음과 같이 계산한다. $6^3=6\times6\times6=216$. 세제곱 계산은 부피를 구할 때 많이 쓰는데, 특히 정육면체(육면체의 윗면과 옆면, 아랫면이 모두 정사각형으로 이뤄진 도형)의 부피를 구할 때 필요한 계산법이다.

세제곱된 숫자의 근은 세제곱근이라 부르며 세제곱근을 표시할 때는 제곱근을 표시할 때와 같이 √기호를 쓰되, 기호 앞에 작은 글씨로 3이라고 적는다. 예를 들어 216의 세제곱근을 표시하면 $\sqrt[3]{216}=6$이다.

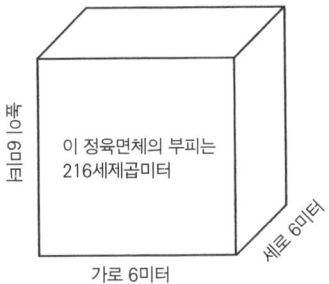

위의 그림과 같이 부피가 216세제곱미터인 정육면체의 한 변의 길이를 구하라는 문제가 나오면 216의 세제곱근인 6미터가 답이 된다.

지수가 음수일 때는 거듭제곱되는 숫자가 분수로 바뀐다. 예를 들어 10의 -3승인 10^{-3}은 다음과 같이 바뀐다.

$$\frac{1}{10^3} = \frac{1}{10 \times 10 \times 10} = \frac{1}{1000} = 0.001$$

이런 계산식이 나올 때는 어마어마하게 큰 숫자가 나오거나 아주 작은 숫자가 나온다. 어떤 경우에 이런 숫자가 나오는지 다음 설명을 보도록 하자.

표준서식

지구의 무게는 대략 6,000,000,000,000,000,000,000,000kg

이 기나긴 숫자를 우아한 말로 일컬어 셉틸리언이라 부르지만, 생긴 그대로 읽자면 '숫자 6 뒤에 0이 24개 붙어 있는 숫자'일 뿐이다. 이렇게 0이 너무 많으면 잘못 기록할 수도 있으므로 대개는 다음과 같이 표기한다.

지구의 무게는 대략 6×10^{24} kg

예를 들어 6×10^3을 풀어쓰면 $6 \times 1{,}000$이며, 이를 계산하면 숫자 6을 왼쪽으로 세 자리만 옮기면 되므로 6,000이 된다. 이와 마찬가지로 6×10^{24}은 숫자 6 뒤에 0을 24개 덧붙인 것과 같다.

숫자 6이 있는 자리에 정수가 아닌 숫자가 오면 어떻게 표시할까? 지구의 무게를 좀 더 정확히 말하면 정수 6이 아닌 소수로 나오는데, 소수의 거듭제곱을 적을 때는 소수점 앞에 정수가 한 자리만 있는 형태로 적고 10의 거듭제곱 부분은 다음과 같이 그대로 두면 된다.

지구의 무게는 5.9736×10^{24} kg

큰 거듭제곱수를 이와 같이 표기하는 방법을 가리켜 표준서식이라 한다. 소수로 표기된 부분에서 소수점 아래의 숫자가 아무리 많아져도 10의 거듭제곱을 표시한 부분은 바뀌지 않는다. 10^{24}까지 계산하고 싶다면 곱셈 기호 앞에 있는 소수를 소수점 기준으로 왼쪽으로 스물네 칸 이동시킨 뒤에 빈자리는 숫자 0으로 채우면 된다. 그런데 이미 소수점 아래로 9736이라는 4개의 숫자가 있으므로 빈자리는 24개가 아닌 20개가 될 것이니 0은 20개만 적으면 된다. 이렇게 계산하면 정확한 지구의 무게는 5,973,600,000,000,000,000,000,000kg이 나온다.

표준서식을 쓰면 큰 숫자뿐만 아니라 아주 작은 숫자도 간결하게 표기할 수 있다.

수소원자의 무게는 1.67×10^{-27} kg

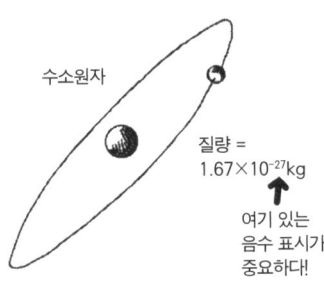

얼핏 보면 수소원자의 무게가 지구의 무게보다 많이 나간다고 착각할 수도 있다. 하지만 10의 거듭제곱 부분을 자세히 보면 작은 글씨로 음수(-)표시가 있는 것이 보일 것이다. 이 표시 하나로 인해 곱셈이 나눗셈으로 바뀌는 일이 일어난다. 왜냐하면 $\times 10^{-27}$은 $\div 10^{27}$과 같기 때문이다. 이를 계산하려면 이번에는 곱셈 기호 앞에 있는 소수를 소수점 기준으로 왼쪽이 아닌 오른쪽으로 스물일곱 자리를 이동해야 한다.

수소원자 한 개의 무게는
0.00000000000000000000000000167kg

이렇게 긴 소수는 계산기에 제대로 입력하기도 힘들지만 입력창에 다 표시되지도 않는다. 그래서 1.67×10^{-27}을 표현할 때는 1.67E-27이라 쓰고 읽을 때는 '이' 또는 '엑스퍼넨셜'('지수'라는 뜻임)이라고 읽는다.

평균에 대한 이야기는 평소에도 많이 들었을 것이다. 충격적인 통계수치 등을 말할 때 평균이라는 단어를 자주 사용하는데, 지구온난화로 인한 기온 상승이나 청소년에게 필요한 적정 수면시간, 유명한 스포츠 선수들이 소유하고 있는 자동차의 대수 등이 뉴스로 나올 때마다 평균이 얼마라는 내용이 꼭 나오기 마련이다. 평균에도 세 가지 종류가 있는데 평균값, 최빈값, 중앙값으로 나뉜다. 이중에서 우리가 자주 쓰는 '평균'은 '평균값'을 뜻한다.

평균값

평균값을 구하면 앞으로 일어날 상황을 예측할 수 있어서 편리할 때가 많다. 예를 들어 당신이 지난 한 해 동안 브라운풀 지역에서 7일간 휴가를 보내면서 쓴 돈이 350달러였다고 치자. 그렇다면 하루의 휴가를 보내는 데 든 돈은 평균 350달러÷7=50달러라는 계산이 나온다. 그렇다면 올해 열흘의 휴가를 보내기 위해 필요한 돈은 대략 50달러×10=500달러 정도가 될 것이라고 예상할 수 있다. 이렇게 평균의 개념은 개인적인 휴가 비용을 잡는 일뿐만 아니라 사업적인 수익을 계산하는 일까지 두루 쓰인다. 사업가 라디 씨의 다음 상황을 예로 들어보자.

지난 토요일, 라디 씨는 동네 스포츠센터 담장에 파이 트럭을 세워 놓고 파이를 판매해 봤다. 그날 담장 너머로 라디 씨를 불러서 파이를 산 사람은 모두 40명이었는데, 한 명이 파이 1개를 샀고 15명이 파이 2개를 샀으며 나머지 사람들은 아래와 같이 파이를 샀다.

1인당 파이 구매 개수	1	2	3	4	5	6	7
인원수	1	15	9	4	6	3	2
전체 파이 개수(파이 개수×인원수)	1	30	27	16	30	18	14

이 표를 근거로 1인당 구매한 평균 파이 개수를 알아보려면 다음과 같은 계산이 필요하다.

판매한 파이 개수 ÷ 파이를 사간 사람

판매한 파이 개수는 표의 맨 아랫줄에 있는 숫자를 모두 더한 136개이고, 파이를 사간 사람은 가운데 줄에 있는 숫자를 모두 더한 40명이므로

$$136 \div 40 = 3.4$$

1인당 구매한 파이 개수가 평균 3.4개라고 나왔다. 이를 통해 라디 씨는 앞으로 파이를 얼마나 준비해야 할지 예측할 수 있다. 라디 씨가 1,000명에게 파이를 판매할 생각이라면 파이는 적어도 3.4×1,000=3,400개가 필요할 것이다.

최빈값과 중앙값

최빈값이란 평균을 구하기 위해 사용하는 데이터 중에 가장 자주 나오는 값을 말한다. 가령 파이를 구매한 사람 중에 파이를 2개 산 사람이 가장 많다면 파이 '2개'가 최빈값이다. 쉽게 말해서 파이를 사가는 사람들을 붙잡고 파이를 몇 개 샀는지 물어봤을 때 '2개를 샀다'고 대답할 사람이 가장 많을 거라는 뜻이다.

중앙값이란 데이터의 정중앙에 위치한 값을 말하는데 이 값은 평균과 비슷한 경우가 많다. 데이터의 개수가 홀수이면 정중앙에 있는 숫자가 중앙값이다. 가령 라디 씨가 첫 고객 다섯 명의 나이를 적었는데, 이들의 나이를 오름차순으로 썼을 때 다음과 같다면,

나이　**23　28　31　37　66**
　　　　　　　　↑
　　　　　　　중앙값

이 데이터의 중앙값은 31이 된다.

하지만 데이터의 개수가 짝수라면 어떻게 할까? 정중앙에 오는 숫자가 두 개이므로 둘 사이의 평균을 구하면 된다. 이번에는 라디 씨가 단골손님 여덟 명의 몸무게를 조사해 보았더니 다음과 같은 데이터가 나왔다.

몸무게(kg) **61   72   72   73   78   84   89   112**

중앙값은 73과 78의 평균값이므로
73+78=151, 평균은 $\frac{151}{2}$=75.5

 중앙에 있는 숫자가 73과 78이므로 라디 씨의 단골 고객 여덟 명의 몸무게의 중앙값은 75.5kg이다.

대수

여러분 중에도 수학 교과서에 대수가 등장한 뒤부터 수학을 포기했다고 하시는 분들이 있을 것이다. 분수와 소수는 아무리 길고 어려워도 모두 숫자로 써 있기라도 하건만 대수는 말 그대로 숫자를 대신하는 기호들이 난무해서 복잡해 보이기 마련이다. 간단한 대수는 좀 쉬운 것 같은데 조금만 복잡해지면 뭐가 뭔지 헷갈리고 말이 안 되는 것 같겠지만, 사실은 그렇지 않다. 알고 보면 쉬운 대수를 지금부터 함께 알아보자.

대수란 무엇인가?

대수는 숫자를 대신하는 수학언어이다. 이 언어를 사용할 줄 알면 복잡한 계산식을 간단하게 정리하는 것은 물론이요, 최소한의 계산으로 답을 구할 수도 있다. 수학을 배우면서 대수를 익히지 않는 것은 말도 통하지 않는 해외여행지에서 채식주의자가 갈 수 있는 전문 식당을 찾기 위해 길을 물어보고 있는 것과 같다. 말이 통하면 한 번만 물어봐도 길을 찾을 수 있지만 그렇지 않으면 손짓 발짓으로 풀 뜯어 먹는 흉내만 내다가 끝내 식당을 찾지 못할 수도 있다.

숫자 대신 문자를 사용하는 이유는 어떤 숫자를 써야 할지를 아직 모르기 때문이다. 잠시 후에 '커피 한 잔의 가격'을 구하는 문제를 함께 풀어볼 텐데, 수식을 적을 때마다 '커피 한 잔의 가격'이라고 쓰기는 번거로우므로 'c'라고 표기하는 식이다.

우선 처음에는 숫자만 있는 수식을 통해 대수의 개념을 살펴보기로 하자. 이렇게 하고 나면 대수의 기본적인 규칙이 머릿속에 확실하게 새겨질 것이다.

양수와 음수와 등호

아래 수식처럼 양쪽 수식 중간에 등호가 들어가 있는 수식을 가리켜 방정식이라 한다.

7 − 2 = 4 + 1

등호의 왼쪽에 있는 수식(좌변)의 값을 계산하면 5가 나오고, 등호의 오른쪽에 있는 수식(우변)의 값을 계산해도 역시 5가 나온다. 대수를 배울 때 가장 중요한 것은 이러한 방정식에 포함된 숫자나 기호를 다시 정렬해서 답을 구하기 쉬운 형태로 바꾸는 방법을 익히는 것이다.

 모든 숫자는 음수나 양수 둘 중에 하나에 해당된다.

그래서 음수 앞에는 항상 음수 기호(-)가 붙고, 양수 앞에도 양수 기호(+)를 붙여야 하지만 양수 기호는 때에 따라 생략하기도 한다.

방정식의 개념을 이해할 때는 다음과 같이 가운데에 축이 있는 지렛대가 균형을 유지하고 있는 그림을 생각하면 된다. 여기서 양수는 지렛대를 내리누르는 추와 같으며 음수는 지렛대를 들어 올리는 풍선과 같은 역할을 한다.

등호의 어느 한 쪽에 있는 숫자들끼리 순서를 바꿀 때는 음수와 양수를 표시한 기호도 함께 따라가야 한다. 좌변(지렛대 왼쪽)에 있는 숫자의 순서(추와 풍선의 순서)를 바꿔 보자.

-2가 좌변의 맨 앞으로 옮겨질 때 숫자 앞에 있던 (-)기호가 함께 옮겨갔으며, 앞에 있던 양수 7이 뒤로 갈 때는 (+)기호가 다시 살아났다. 만약 이 지렛대에서 왼쪽에 있는 풍선을 없애고 싶다면 다음과 같은 규칙을 십분 활용하면 된다.

 방정식의 양변에 똑같은 숫자*를 더하거나 빼거나 곱하거나 나누어도 방정식은 변하지 않는다.

※ 단, 방정식의 양변을 0으로 나누면 세상이 뒤집힐 일이 생길지도 모른다. 어떻게 그런 일이 생기는지는 104페이지에서 설명할 것이다.

왼쪽에 +7만 남기려면 좌변에 있는 -2를 없애야 하는데, 그러려면 +2를 더해야 한다. 단, 방정식의 등호를 그대로 유지하려면 위의 규칙대로 양변 모두 +2를 더해야 한다.

$$-2+7+2=4+1+2$$

왼쪽에 있는 -2에 +2를 더하면 0이 되므로 좌변에는 +7만 남게 되고, 우변에 +2가 늘었으므로 방정식은 다음과 같이 정리된다.

$$7=4+1+2$$

이렇게 바뀐 방정식의 우변(4+1+2)을 계산하면 실제로 7이 나오며, 지금까지의 내용을 정리하면 한마디로 다음과 같다.

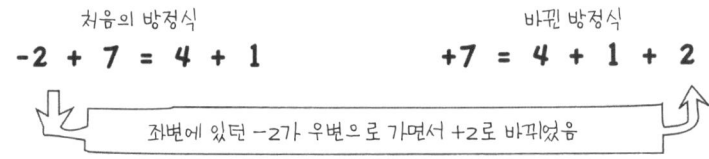

좌변에서 우변으로 혹은 우변에서 좌변으로 넘어갈 때는 숫자 앞에 있던 기호가 바뀐다! 즉, (−)기호는 (+)기호가 되고 (+)기호는 (−)기호로 바뀐다.

하지만 아래와 같이 좌변과 우변을 통째로 바꿀 때는 기호를 바꾸지 않아도 된다.

$$4 + 1 + 2 = 7$$

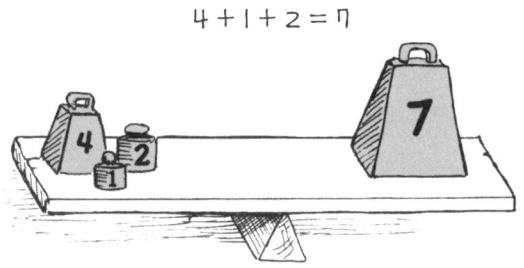

괄호

위에서 예로 든 방정식을 가지고 이야기를 계속해 보자. 7의 2배수인 14를 이 방정식으로 표현하고 싶다면 어떻게 하면 될까? 7에 2를 곱하면 14가 되므로 방정식의 양변에 똑같이 2를 곱하면 된다. 그런데 우변 4+1+2에 있는 숫자는 3개라서 각 숫자에 모두 2를 곱해 줘야 하는데, 이를 방정식으로 표현하면 다음과 같다.

$$2 \times 7 = 2(4 + 1 + 2)$$

우변에 있던 숫자들이 모두 괄호 안으로 들어간 것이 보이는가? 이를 원래대로 풀어쓰면 2×4+2×1+2×2가 되지만 괄호를 치면 이렇게 간단하게 쓸 수 있다. 이때 괄호 안에 있는 숫자에 곱해지는 숫자 2를 가리켜 계수라 한다.

 괄호 앞에 연산기호가 없는 숫자가 적혀 있다면 이 숫자를 괄호 안에 있는 숫자 하나하나에 곱하라는 뜻이다.

숫자를 대신하는 기호

이번에는 숫자 대신 기호를 사용한 방정식을 풀어 보자. 이제는 복잡한 연립 미분 방정식이라도 풀지 않을까 하고 기대하신 분들은 적잖이 실망했겠지만 천 리 길도 한 걸음부터라는 말이 있듯이 기초부터 차근차근 살펴보는 것이 나중에 도움이 된다.

카페에서 커피를 마시고 나온 말콤 씨는 한동안 멍한 기분을 떨치지 못했다. 방금 들어간 카페에서 어머니와 함께 커피를 한 잔씩 마시고 10달러짜리 지폐를 냈는데 거스름돈으로 달랑 1.20달러를 내주는 것이 아니겠는가. 대체 요즘 커피는 한 잔에 얼마란 말인가? 말콤 씨의 상황을 정리해 보면,

10달러 − 커피 두 잔의 값 = 1.20달러

여기서 '커피 한 잔의 값'이라고 일일이 적기 번거로우므로 간략하게 c라고 표시하기로 하자. 그러면 커피 두 잔의 값은 $2×c$가 되며, 수식에서는 그냥 $2c$라고 적으면 된다.

위에서 말로 정리한 상황을 방정식으로 만들면,

10달러 − 2c = 1.20달러

커피 한 잔의 값을 구하려면 방정식의 한쪽 변에 c만 남도록 양변을 정리해야 한다. 먼저 좌변에 있는 10달러를 우변으로 넘기고 숫자 앞에 있는 기호를 바꾸면,

−2c = 1.20달러 − 10달러

2c 앞에 있는 (−)기호가 눈에 거슬리면 이것도 바꿀 수 있다. 양변에 −1을 곱하면 (+)기호는 (−)기호로 바뀌고 (−)기호는 (+)기호로 바뀐다.

2c = 10달러 − 1.20달러

여기서 우변에 있는 숫자를 계산하면 10달러−1.20달러=8.80달러가 되므로,

2c = 8.80달러

이제 양변을 2로 나누면 좌변에는 c만 남는다!

c = 4.40달러

커피 한 잔에 4.40달러(약 8,000원)라니! 말콤 씨가 멍한 기분으로 카페를 나설 만도 하다.

주의할 사항

대수를 다룰 때 주의해야 할 사항이 더 많지만 다음 그림을 보면서 생각하면 헷갈리지 않고 쉽게 이해할 수 있을 것이다. 그림의 성냥갑 하나를 m이라 하면 이와 똑같이 생긴 성냥갑 세 개는 3×m=3m(여기서 3은 m의 계수)이 된다.

성냥갑 하나에 든
성냥의 개수=m

성냥갑 세 개에 든
성냥의 개수=3m

성냥갑을 이용해서 대수의 기본 규칙을 살펴보자.

❶ 계수에 임의의 숫자를 곱할 수 있다.

위에 있던 성냥갑 3개 옆에 나란히 성냥갑 3개를 더 갖다 놓았다면, 그림과 같이 3m이 두 줄로 있으면 6m이 된다.

성냥갑 3개가
두 줄로 놓여 있음
= 2 × 3m
= 6m

❷ 계수에는 임의의 숫자를 더할 수 없다.

①에 있는 성냥갑 6개 옆에 낱개로 된 성냥 3개를 나란히 놓았다면,

성냥의 개수
= 6m + 3

성냥의 개수는 계수인 6과 3을 더해서 9m이 되는 것이 아니라 6m과 3을 더한 6m+3이 된다.

❸ 계수에 붙어 있는 기호가 같으면 계수끼리 더할 수 있다.

②의 그림에서 성냥갑 2개가 더 생겼다면,

성냥의 개수
= 6m + 3 + 2m
= 8m + 3

위의 규칙에 따르면 6m에 2m을 더할 수는 있어도, 6m이나 2m의 계수에 3을 더할 수는 없다.

이 밖에도 기본적인 대수의 규칙이 몇 가지 더 있다. 아래의 대수 규칙 세 가지는 이 책을 읽는 동안 되짚어 볼 기회가 있을 것이므로 지금 당장 이해하지 못하더라도 너무 신경 쓸 필요는 없다.

❹ 괄호 앞에 음수 기호가 있을 때 괄호를 풀면 괄호 안에 있던 숫자들의 기호가 모두 바뀐다.

예를 들어 3-(2x-4)라는 수식의 괄호를 풀 때 괄호 안에 있는 모든 숫자에 -1을 곱한다고 생각하면 된다. 그러면 +2x는 -2x가 되고 -4는 +4가 되어 괄호를 풀었을 때 3-2x+4가 된다.

❺ 같은 기호를 두 번 곱하게 되면 해당 기호에 제곱 표시를 한다.

y×y는 y^2으로 쓰라는 뜻이다.(제곱수에 대한 기억이 희미해졌다면 80페이지를 다시 보기 바란다.) 이와 마찬가지로 4y×3y는 $12y^2$이라고 적는다. 계수는 계수끼리 곱셈한 값을 쓰고 기호는 제곱식으로 썼음을 알 수 있다.

❻ 서로 다른 기호와 숫자가 섞인 것을 곱할 때는 계수의 곱을 앞에 쓰고 기호를 곱한 것은 바로 뒤에 붙여 쓴다.

예를 들어 2x×4y를 곱할 경우 8xy가 되는 식이다. 특히 괄호가 있는 수식을 계산할 때 이 규칙을 적용할 일이 많다. 가령 3p(7q-2p)=21pq-$6p^2$ 이렇게 계산한다.

대수의 규칙은 이 정도만 익혀도 충분하니 이번에는 실생활에서 대수를 어떻게 활용하는지 알아보자.

대수로 해결하는 일상의 미스터리

대수를 활용하면 일상에서 부딪히는 난해한 상황에서부터 어려운 퀴즈에 이르기까지 다양한 문제를 쉽게 해결할 수 있다. 대수를 이용해서 다음의 논쟁에 대한 해결책을 찾아보자.

옥수수 밭의 비밀

빌딩즈 씨는 농부 샤르페 씨가 소유한 대지 중에 가로 세로의 길이가 20미터이고 넓이가 400제곱미터인 구역을 사들이기로 했다. 그런데 빌딩즈 씨가 실제로 대지의 길이를 재어 보니 가로 세로 길이가 똑같은 정사각형이 아니라 가로 세로 길이가 다른 직사각형이 아닌가!

과연 농부의 주장은 맞는 말일까?

대지의 가로 세로 길이가 얼마나 달라졌는지는 모르지만 농부의 말대로 줄어든 세로 길이와 늘어난 가로 길이가 똑같다고 한다면 이를 x라 하고 다음 그림과 같이 표현할 수 있다.

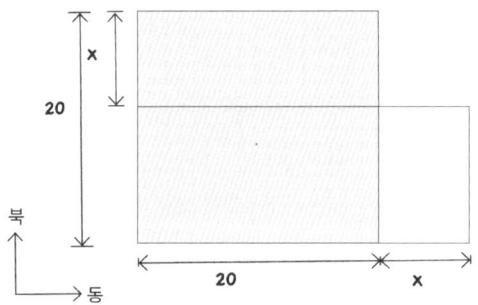

회색으로 칠한 부분은 빌딩즈 씨가 계약하려고 했던 20m×20m 대지의 모양이다. 그런데 농부가 실제로 내놓은 땅은 가로 길이 (20+x)m에 세로 길이 (20-x)m의 형태이므로 이 땅의 넓이를 구하려면 가로와 세로의 길이를 곱해서 (20-x)×(20+x)이라는 식을 계산해야 한다. 괄호 사이에 있는 ×표시는 생략해도 되므로 식을 다시 쓰면 (20-x)(20+x)이 된다.

 괄호에 괄호를 곱할 때는 양쪽 괄호에 있는 숫자를 서로 빠짐없이 한 번씩 곱해야 한다.

말로만 해서는 이해하기 어려우므로 직접 계산해 보자. 먼저 앞에 있는 괄호를 풀고 그 안에 있는 숫자들을 뒤에 있는 괄호에 한 번씩 곱해 준다.

(20-x)(20+x)=20(20+x)-x(20+x)

$$=400+20x-20x-x^2$$
$$=400-x^2$$

위의 계산식에서 $-x(20+x)$를 계산한 부분을 다시 한 번 살펴보자. $-x \times 20=-20x$에서 좌변의 x 앞에 붙어 있는 (-)기호가 우변에서도 계속 붙어 있음에 주목해야 한다. 이와 마찬가지로 $-x \times x$를 계산한 부분 역시 $-x^2$이 되었다. 이 (-)기호 때문에 둘째 줄에 있는 $+20x$와 $-20x$가 서로 지워지면서 마지막 줄에는 $400-x^2$이라는 간결한 형태의 답이 나왔다. 그렇다면 농부가 실제로 내놓은 직사각 형태의 땅의 넓이가 $400-x^2$이라는 것은 무엇을 의미할까?

빌딩즈 씨가 사기로 한 땅은 정사각형 모양에 넓이가 400제곱미터여야 한다. 하지만 농부가 내놓은 땅의 넓이는 $400-x^2$이므로 세로 길이가 짧아진 만큼 가로 길이가 길어지더라도 넓이는 바뀐 길이 x의 제곱만큼 줄어든다는 뜻이다. 결국 농부의 말과는 달리 x값이 클수록 빌딩즈 씨는 손해를 본다.

만약 세로가 5미터 짧아진 대신 가로가 5미터 길다면 $x=5$이므로 면적은 $400-5^2$이고, 이를 계산하면 $400-25=375$가 될 것이다. 아니면 가로와 세로의 길이를 곱해서 바로 직사각형의 넓이를 구해도 된다. 세로 길이(20-5=15)와 가로 길이(20+5=25)를 곱하면 $15 \times 25=375$. 역시 같은 값이 나온다. 둘 중에 어떤 방법으로 면적을 구하더라도 그 답이 똑같다는 것은 우리가 대수를 이용해서 면적을 구하는 데 성공했다는 뜻이기도 하다!

제곱수의 차

6×6장이 붙어 있는 우표에서 4×4장을 남기고 나머지를 떼어 낸다면 떼어 낸 우표는 모두 몇 장일까?

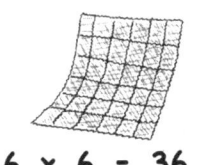 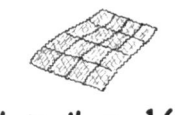 

$6 \times 6 = 36$ $4 \times 4 = 16$

뜯겨진 우표의 개수는 6^2-4^2장이다. 이렇게 제곱수에서 제곱수를 빼는 계산을 가리켜 제곱수의 차를 구한다고 하며, 위의 수식을 계산하면 36-16=20이 나온다. 하지만 숫자가 커지면 제곱수를 계산하기가 만만치 않은데, 이때는 다음과 같은 요령으로 제곱수의 차를 구할 수 있다.

 제곱수의 차는 두 수의 합과 차를 곱한 값과 같다.

말만 들어서는 이해하기 어렵지만 직접 해보면 간단한 계산이다. 6^2-4^2을 예로 들면 먼저 두 수의 합을 구한다. 6+4=10. 그다음엔 두 수의 차를 구한다. 6-4=2. 이렇게 구한 10과 2를 서로 곱하면 10×2=20. 앞에서 제곱 계산으로 구한 값과 이 값이 같음을 알 수 있다.

이번에는 대수 방정식의 형태로 이 규칙을 표현해 보자. 숫자 6에 해당하는 부분을 a라 하고 숫자 4에 해당하는 부분을 b라 하면 다음과 같이 쓸 수 있다.

$$a^2 - b^2 = (a + b)(a - b)$$

이 규칙은 a=6, b=4일 때만 적용되는 것이 아니라 어떤 숫자가 들어가도 성립한다. 아무리 생각해도 제곱수의 차를 구할 일이 없을 것만 같다면 앞에서 예로 든 옥수수 밭 이야기를 떠올려 보자. 당신도 언젠가 땅을 사는 날이 있지 않겠는가. 위에 적힌 규칙에서 a를 20으로 바꾸고 b를 x로 바꿔 보라. 그러면 옥수수 밭의 면적을 구했던 대수 방정식 $(20-x)(20+x)=400-x^2$과 $a^2-b^2=(a+b)(a-b)$가 똑같은 형태임을 알 수 있다.

연속한 세 숫자의 비밀이 풀리다

27페이지에서 연속한 숫자 3개 중에 앞뒤에 있는 숫자를 곱한 값이 가운데 있는 숫자를 제곱한 값보다 항상 1만큼 작다는 이야기 끝에 자세한 내용은 대수에서 다루기로 했던 것을 기억하는가? 기억을 되살리기 위해 간단한 예를 들어보겠다. 12, 13, 14라는 숫자 3개 중에 12와 14를 곱하면 12×14=168이고, 가운데 있는 숫자 13을 제곱한 값은 이보다 1만큼 큰 $13^2=169$가 나온다.

연속한 세 숫자의 비밀은 바로 제곱수의 차에 있다. 제곱수의 차를 구하는 방정식 $a^2-b^2=(a+b)(a-b)$에서 b를 1로 바꾸면,

$$a^2 - 1^2 = (a+1)(a-1)$$

여기서 $1^2=1×1=1$이므로 식을 다시 쓰면,

$$a^2 - 1 = (a+1)(a-1)$$

위의 방정식 안에 연속한 세 숫자의 비밀이 있다. 이렇게 봐도 잘 모르겠다면 a를 연속한 숫자 3개 중에 가운데 있는 숫자라고 생각하면 보일 것이다. 그러면 (a-1)과 (a+1)은 연속한 숫자 중에 각각 작은 숫자와 큰 숫자가 된다. 어떤가. 이 방정식을 다른 말로 설명하면 가운데 숫자를 제곱해서 1을 뺀 값과 작은 숫자와 큰 숫자를 곱한 값이 같다고 할 수 있다.

a=13이라 놓고 12, 13, 14의 경우를 계산해 보라. 또한 a에 13이 아닌 다른 숫자를 넣어서 확인해도 좋다. 어떤 숫자를 넣어도 연속한 세 숫자를 계산한 결과와 제곱수의 차를 이용한 결과는 항상 같다.

'임의의 숫자'라든지 '어떤 숫자를 넣어도'라는 말이 나오면 대수를 이용해서 확인해 보라.

세상이 뒤집히는 대수 방정식

91페이지에서 대수 방정식을 잘못 계산했다가는 세상이 뒤집힐 일이 생길지도 모른다고 했던 말이 생각나는가? 인내심을 가지고 여기까지 열심히 따라와 준 여러분의 노고에 보답하기 위해 세상을 뒤집을 수 있는 그 막강한 힘을 전해주고자 한다.

여기 임의의 숫자 a와 b가 있는데, 공교롭게도 a와 b가 같은 값을 갖고 있다.

$a = b$

지금부터 이 방정식의 양변에 똑같은 연산을 할 것이니 집중하기 바란다.

먼저 양변에 a를 곱하고, $\quad a^2 = ab$
양변에서 b^2를 빼면, $\quad a^2 - b^2 = ab - b^2$

제곱수의 차를 나타내는 좌변에는 $a^2-b^2=(a+b)(a-b)$의 규칙을 적용한다. $ab-b^2$인 우변은 두 숫자에 모두 b가 있으므로 b로 나눴다가 다시 b를 곱해서 b(a-b)의 형태로 바꾼다. 여기까지는 모든 계산이 완벽하고 올바르게 진행되고 있다.

이렇게 정리된 방정식을 다시 쓰면, $(a+b)(a-b) = b(a-b)$가 된다.

이번에는 양변을 $(a-b)$로 나누면, $(a+b) = b$

이제 좌변에는 곱셈할 숫자가 하나도 없으므로 괄호를 없애도 된다.

$a + b = b$

좌변에 있는 $+b$를 우변으로 옮기면 $a = b - b$가 되고,
결국 $a=0$이 된다.

임의의 숫자 a와 b가 모두 0이라는 뜻은 a와 b에 어떤 숫자를 넣어도 0이 된다는 말이다. 다시 말해 숫자로 표현할 수 있는 시간이나 거리, 무게 등의 그 어떤 것이 들어가도 그 존재가 사라져 버린다는 뜻이다!

이 방정식은 양변을 $(a-b)$로 나눈 순간부터 잘못되었다. $a=b$이면 $(a-b)=0$이라는 뜻인데, $(a-b)$로 나눴다는 것은 방정식의 양변을 0으로 나눴다는 것과 같다. 방안에 틀어박혀서 진짜 세상을 뒤집을 방법을 연구할 생각이 아니고서는 방정식을 0으로 나누는 일 따위는 하지 않기를 바란다.

연립방정식

미지의 숫자가 2개이면 방정식도 2개가 필요하다. 이때 필요한 둘 이상의 방정식을 가리켜 연립방정식이라 한다. 다음 예제를 통해 연립방정식의 기본에

대해 알아보자.

신발 한 켤레와 손수건 한 장의 가격이 51달러인데 신발 한 켤레의 값이 손수건 한 장보다 50달러나 비싸다면 손수건 한 장의 값은 얼마일까?

일전에 비싼 커피 값을 치른 바 있는 말콤 씨에게 물어봤더니 '손수건은 1달러이고 신발은 50달러'라는 대답이 돌아왔다. 하지만 이렇게 되면 신발은 손수건보다 50달러 비싼 게 아니라 49달러 비싼 셈이니 말콤 씨의 답은 틀렸다고 해야겠다.

여기서 조금만 더 생각해 보면 복잡한 계산 없이도 쉽게 답을 찾을 수 있다. 하지만 우리는 대수를 배우고 있으니 신발과 손수건 값을 각각 s와 c라 하고 이를 방정식으로 풀어 보자. 미지수가 2개이면 방정식도 2개여야 하는데, 우리가 알고 있는 정보만으로도 다음과 같은 방정식이 나온다.

방정식1. 신발과 손수건의 값이 51달러이므로 $s + c = 51달러$
방정식2. 신발이 손수건보다 50달러 비싸므로 $s = 50달러 + c$

연립방정식을 가장 효율적으로 계산하려면 치환을 하는 것이 좋다. 방정식1의 s를 방정식2의 s=50달러+c 로 치환해서 방정식1의 s 자리에 50달러+c를 쓴다. 치환된 방정식1은 다음과 같다.

$50달러 + c + c = 51달러$

좌변에 있는 50달러를 우변으로 넘기고 c+c를 계산하면,

$2c = 51달러 - 50달러$

다시 한 번 우변의 숫자를 계산하면, $2c = 1$달러

이제 양변을 2로 나누면, $c = 0.5$달러

방정식2가 s=50달러+c이므로 $s = 50.50$달러임을 알 수 있다.

이렇게 해서 신발은 50.50달러, 손수건은 0.5달러가 나왔다. 말콤 씨를 포함한 대부분의 사람이 이 문제의 정답을 한 번에 맞히지 못하거나 짐작조차 못하지만, 당신은 연립방정식을 풀어서 정답을 찾았다!

머릿속에 떠올린 숫자

어떤 숫자를 떠올리더라도 마지막 답은 1이 나오게 되어 있다. 심지어 분수를 넣어도 성립하는 이 트릭의 비밀을 대수로 풀어 보자. 상대방이 떠올릴 임의

의 숫자를 n이라 하면 다음과 같은 대수 방정식을 세울 수 있다.

트릭	진행 과정	현재 상황
머릿속으로 숫자 하나를 떠올려보시오	이 숫자를 n이라 하자	n
거기에 5를 곱하고	그러면 5n이 된다	5n
3을 더해서	5n+3. 여기까지는 쉽다	5n+3
다시 2를 곱하고	지금까지 나온 방정식에 괄호를 친 뒤에 2를 곱한다	$2(5n+3)=10n+6$
4를 더한 다음	이 부분도 매우 쉽다	$10n+6+4=10n+10$
이번에는 10으로 나누시오	위의 방정식을 10으로 나눠야 하므로 이번에도 괄호를 친다	$(10n+10) \div 10 = n+1$
머릿속에 생각했던 숫자를 그 값에서 빼시오	위의 방정식에서 n을 뺀다	$n+1-n=1$
답은 1 아닌가요?	n-n으로 n은 모두 사라지고 숫자 1만 남는다!	1

대수를 마치며

학창 시절의 수학 교과서는 수많은 x와 y들로 가득했었다. 그리고 이 책에서 지금까지 다룬 내용도 그때 배운 내용과 다르지 않다. 다만 여기서는 방정식의 양변을 이리저리 옮기고 바꾸는 방법을 위주로 연습한 것뿐이다. 대수를 제대로 공부하려면 이만한 두께의 책을 여러 권 봐야 하므로 여기에서 대수의 모든 것을 다 배울 수는 없겠지만, 알아두면 정말 유용한 대수 활용법 한 가지를 소개하면서 이 장을 마칠까 한다.

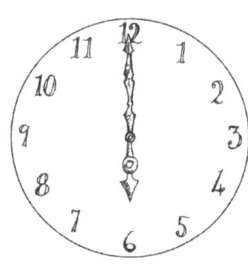

그림에 보이는 시계는 현재 오후 6시를 가리키고 있다. 그렇다면 이 시계의 분침이 다음번에 시침을 넘어가는 때는 몇 시일까?

시침은 아주 느리게 움직이기 때문에 분침이 시침을 지나가는 시간을 어떻게 측정할지 고민스러울 것이다.

이 시간을 측정하기가 애매하므로 오후 6시 이후 분침이 시침을 넘어갈 때 분침이 가리키는 시간을 m이라 하고 이 문제를 풀어보자.

분침이 숫자 6을 가리킬 때는 30분이 되는 시점이며, 이때 시침은 이미 숫자 6을 떠나 앞으로 나아가 있는 상태이다. 여기서 시침이 있는 곳까지 가려면 몇 분이 더 걸리며, 분침과 시침이 겹쳐지는 순간까지 각각의 시곗바늘이 이동한 거리는 다르지만 걸린 시간은 m분으로 동일하다. 이를 그림으로 표현하면 이해하기 쉬울 것이다.

여기서 구하는 것은 시침이 m분 동안 이동한 거리이다.

분침이 시계 한 바퀴를 도는 데 걸리는 시간은 1시간이고 시침이 시계 한 바퀴를 도는 데 걸리는 시간은 12시간이므로 시침의 속도는 분침 속도의 $\frac{1}{12}$이라

할 수 있다. 그러므로 분침이 m분 동안 이동한 거리는 시침이 $\frac{m}{12}$ 분 동안 이동한 거리와 같고, 이를 정리하면 다음과 같은 대수 방정식이 나온다.

$$m = 30 + \frac{m}{12}$$

분수가 있으면 계산하기 불편하므로 양변에 12를 곱해서 분수를 없애면,

$$12m = 360 + m$$

우변에 있던 +m을 좌변으로 옮기면, $12m - m = 360$
12m에서 1m을 빼면, $11m = 360$
양변을 11로 나누면, $m = 32.727$

정답은 32.727분이다. 오후 6시 32.727분이 되면 분침과 시침이 한자리에서 만난다. 하지만 0.727분이라는 시간이 쉽게 계산되지 않으므로 이를 다시 초단위로 환산해 주는 것이 좋겠다. 0.727×60(초)=44초이므로 분침과 시침이 겹치는 시간은 정확히 6시 32분 44초가 된다.

속도

우리는 때때로 여행을 떠난다. 어딘가로 떠나기 전에는 항상 이동시간을 확인하며, 예상한 시간보다 일찍 도착했을 땐 혹시 중간에 속도위반 카메라에 찍히지는 않았는지를 걱정하는 것이 우리의 일상이다.

속도 계산하기

장거리를 이동할 일이 생기면 우리는 항상 다음의 세 가지를 생각하게 된다. 거리, 속도, 시간. 이 세 가지 요소들 사이에는 다음과 같은 관계가 성립한다.

거리(distance) = 속도(speed) × 시간(time) 또는 $d = st$

공식을 외울 때는 D는 ST와 같으므로(D equals ST) 각 글자의 앞머리만 따서 DEST로 생각하면 쉽게 외울 수 있다. D=ST라는 한 가지 관계식만 알고 있으면 다음과 같은 관계식을 유추할 수 있다.

양변을 t로 나누면 $s = \dfrac{d}{t}$
양변을 s로 나누면 $t = \dfrac{d}{s}$

속도의 공식을 어떻게 활용하는지는 다음의 예시를 통해 살펴보자.

그림 속의 남자가 엄청난 속도로 운전을 하는 이유는 3시간 뒤에 출발하는 유람선을 타야 하는데 항구까지는 아직도 150마일이나 남았기 때문이다. 남자가 제때 항구에 도착하려면 얼마의 속도로 달려야 할까?

거리와 시간이 주어졌으므로 속도는 쉽게 구할 수 있다. 거리 d=150마일이고 시간 t=3시간이므로 $s=\dfrac{d}{t}$에 거리와 시간 값을 대입하면 $s=\dfrac{150}{3}$=50mph가 된다. 속도를 표시하는 단위가 mph(시간당 이동한 마일)인 것은 속도를 구할 때 거리를 시간으로 나눴기 때문이다.

 속도를 구할 때는 단위를 잘 맞춰야 한다!

속도의 단위 확인하기

이 남자는 10분 안에 산부인과에 도착하기 위해 시속 20마일의 속도로 자전

거 페달을 밟고 있다. 두 사람은 병원에 늦지 않게 도착할 수 있을까? 먼저 시속 20마일의 속도로 3마일을 이동할 때 걸리는 시간을 구해 보자.

시간은 $t=\dfrac{d}{s}$ 이므로 $t=\dfrac{d}{s}=\dfrac{3}{20}$ 이다.

하지만 속도의 기준이 시간이었으므로 $\dfrac{3}{20}$ 시간은 분단위로 바꿔 줘야 한다. 한 시간이 60분이니까 $\dfrac{3}{20}$ 시간에 60을 곱하면 9분이다. 다행히도 두 사람이 늦지 않게 병원에 도착할 수 있는 것으로 나왔다. 물론 병원 접수대에서 대기하는 시간이 길어지면 이야기가 달라지겠지만 말이다.

속도의 합산

어느 날 갑작스런 출장 때문에 8시간 동안 400마일을 이동해야 할 일이 생겼다. 도로 사정이 좋아서 계속 같은 속도로 움직일 수만 있다면 $s=\dfrac{d}{t}$ 이므로 400(d)÷8(t)=시속 50(s)마일의 속도로 갈 수 있는 거리였다.

그런데 생각보다 길이 막혀서 처음 200마일을 시속 40마일로 달렸다면 남은 200마일은 얼마의 속도로 달려야 제시간에 도착할 수 있을까? 절반을 시속 40마일로 달렸으니 나머지 절반은 시속 60마일로 달리면 될 것 같겠지만, 그렇게 계산했다가는 큰 낭패를 볼지도 모른다!

우선은 남은 200마일을 갈 수 있는 시간을 확인한다. 지금까지 200마일을 시속 40마일의 속도로 달려왔으므로 여기에 걸린 시간은 $t=\dfrac{d}{s}$ =200÷40=5시간이다.

이제 남은 시간은 3시간뿐이므로 이 시간 동안 200마일을 가려면 속도=200÷3=시속 66.7마일로 달려야 한다.

백분율

우리가 매일 들르는 상점이나 은행은 물론이고 매달 나오는 급여명세서와 학교성적표에도 항상 백분율이 적혀 있다. 가장 자주 접하는 백분율은 상점 등에서 볼 수 있는 50%, 33%, 25%와 같은 할인율일 것이며, 조금 더 복잡한 계산을 요하는 백분율은 세금신고를 하거나 카드 할부수수료를 계산할 때 적용되는 수치 정도일 것이다. 백분율의 개념과 계산 요령을 제대로 알아두면 아주 요긴하게 쓸 수 있으니 이번 장에서 백분율 계산법을 확실하게 익혀두기 바란다. 이번 장에서도 지금까지와 마찬가지로 백분율의 기초 개념과 기본적인 계산 방법부터 설명할 것이다. 백분율 1%는 분수 $\frac{1}{100}$과 소수 0.01과 같은 값이며, 100%는 분수 $\frac{100}{100}$ 또는 1과 같다.

분수와 소수를 백분율로 바꾸기

분수를 백분율로 바꾸려면 분자를 분모로 나눈 다음 100을 곱한다. 가령 분수 $\frac{2}{5}$를 백분율로 바꿀 경우,

$$\frac{2}{5} = \frac{2 \times 100}{5} = \frac{200}{5} = 40\%$$

백분율을 다시 분수로 바꾸려면 다음과 같이 100으로 나누면 된다.

$$40\% = \frac{40}{100} = \frac{4\cancel{0}}{10\cancel{0}} = \frac{\cancel{4}^2}{\cancel{10}_5} = \frac{2}{5}$$

분수의 위아래를 10으로 나눈다 　　분수의 위아래를 다시 2로 나눈다

소수를 백분율로 바꾸는 것은 이보다 더 쉬운데, 소수에서 소수점 아래 두 자리까지만 그대로 따오면 그게 백분율이 된다. 가령 소수 0.85를 백분율로 바꾸면 85%이고, 만약 0.03처럼 소수점 첫째 자리가 0이면 03%가 아니라 그냥 3%라고 쓴다! 소수점 아래로 무수히 많은 숫자가 있어도 백분율로 바꿀 때는 그저 소수점을 오른쪽으로 두 자리만 옮겨 주면 된다. 예를 들어 분수 $\frac{1}{16}$을 소수로 바꾸면 1÷16=0.0625가 나오는데, 이를 백분율로 바꾸면 6.25%이다.

경사도

언덕길을 오르다 보면 경사도가 백분율로 적혀 있는 표지판을 볼 수 있는데, 이 숫자가 클수록 경사가 심하다는 뜻이다. 다음 그림을 보면서 경사도를 구하는 방법을 알아보자.

 　백분율로 표시된 경사도 = $\frac{수직\ 거리}{수평\ 거리} \times 100$

수직 거리는 언덕 끝에서 평지까지의 직선거리이고, 수평 거리는 언덕의 출발점으로부터 언덕 끝까지 올라간 거리이다. 예전에는 수직 거리가 1미터이고 수평 거리가 4미터인 언덕의 경사도를 4대 1의 경사도라고 말했지만 지금은 백분율로 표현한다. 분수 $\frac{1}{4}$을 백분율로 바꾸면 25%이므로 이 언덕의 경사도는 25%이다. 경사도 25%의 언덕이면 보통 사람은 그림처럼 자전거를 타기는커녕 자전거를 끌고 가야 할 정도의 기울기이다.

분수를 소수로 전환할 때도 그랬듯이 분수를 백분율로 전환할 때도 숫자가 길어지는 경우가 많다. 다음은 자주 등장하는 백분율과 그에 상응하는 분수를 정리한 것인데, 별표로 표시한 수치들은 분수에서 전환한 소수를 반올림한 값이다.

$$50\% = \frac{1}{2} \quad 25\% = \frac{1}{4} \quad 75\% = \frac{3}{4}$$

$$33\%^* = \frac{1}{3} \quad 67\%^* = \frac{2}{3}$$

$$10\% = \frac{1}{10} \quad 20\% = \frac{1}{5} \quad 40\% = \frac{2}{5} \quad 60\% = \frac{3}{5}$$

$$17\%^* = \frac{1}{6} \quad 12.5\% = \frac{1}{8}$$

돈과 백분율

돈을 셈할 때도 소수와 백분율의 개념이 필요할 때가 많다. 예를 들어 1달러는 100센트, 영국 화폐인 1파운드는 100페니, 유로화인 1유로는 100센트와 같은 금액으로 모두 100배의 비율을 사용하고 있는데, 이 덕분에 돈 계산이 얼마나 쉬워졌는지를 지금부터 확인해 보기로 하자.

29달러를 두 사람에게 나눠 주면 한 사람이 갖는 돈은 $14\frac{1}{2}$ 달러가 된다. 여기서 $\frac{1}{2}=0.5$이므로 $14\frac{1}{2}$은 14.5로 바꿔 쓸 수 있다. 그런데 금액을 표시할 때는 통상 소수점 아래 둘째 자리까지 적어주므로 14.5는 14.50달러라고 바꿔 쓰거나 14달러 50센트라고 말하면 된다.

간단하게 정리하면 100%=1이고 100센트=1달러이므로 1달러의 1%=1센트가 된다. 가령 카페에서 7달러짜리 커피 한 잔을 팔면서 봉사료 15%를 내라고 할 때 15%를 계산하느라 당황할 필요가 전혀 없다. 1달러의 1%=1센트이므로 1달러의 15%=15센트이고, 7달러의 15%는 15센트×7=105센트가 된다. 즉, 커피 한 잔 마시고 내야 할 돈은 7달러에 1.05달러를 더한 8.05달러가 되겠다. 커피 한 잔 치고 상당히 높은 금액이긴 하지만 8달러 때문에 치사해지지는 말자. 다음번에 당신이 주문한 커피에 뭐가 들어갈지 모르기 때문이다.

어떤 상품을 고를까

분수와 소수를 백분율로 전환하는 데 익숙해졌다면 당신은 머지않아 쇼핑의 고수가 될 수 있다. 실전에 들어가기 전에 다음 예시를 통해 미리 연습해두자. 어느 날 배터리를 사러 나간 당신은 세 군데의 가게에서 다음과 같은 행사 간판을 봤다.

배터리 1개의 가격이 50센트로 동일하다면 어느 가게에서 배터리를 사는 것이 가장 저렴할까? 이것을 알아보려면 배터리 1개의 평균가격을 계산해 봐야 한다.

| 30% 세일 | 30% 세일이면 정상가의 70%라는 뜻이므로 배터리 1개의 가격은 50센트×70%=50×0.7=35센트. (이보다 간단한 계산방법도 있다. 50×0.7=5×10×0.7이므로 10×0.7을 먼저 계산하면 소수가 사라지면서 계산이 간략해진다. 5×7=35로 결과는 같다.) |

| 2개 사면 1개 공짜 | 배터리 3개를 2개 가격에 산다는 뜻이다. 배터리 2개의 정상가는 2×50센트=1달러. 하지만 이 가격에 배터리 3개를 받으므로 배터리 1개의 가격은 1달러÷3=약 33센트. |

| 1개 사면 1개는 반값 | 첫 번째 배터리는 50센트지만 두 번째 배터리의 가격은 $\frac{1}{2}$×50센트=25센트. 두 개의 가격을 더하면 75센트이므로 배터리 1개의 평균가는 75÷2=37.5센트. |

배터리가 가장 저렴한 가게는 1개 33센트라고 나온 '2개 사면 1개 공짜'가 붙어 있는 곳이다. 그런데 때마침 배터리 1개를 65센트에 파는 길 건너 가게에서 배터리 1+1이라는 문구를 붙여 놓은 게 아닌가. 이 가게에서 파는 배터리 1개의 평균가격은 얼마일까?

배터리 2개에 65센트인 셈이므로 1개 가격은 65÷2=32.5센트. 결국 길 건너 이 가게에서 파는 배터리가 가장 싸다!

여기서 주의할 사항이 있다. 배터리는 사두었다가 나중에 써도 되지만 일간지를 사는 경우라면 이야기가 달라진다. 이럴 때는 하나만 있어도 되는 것을 1+1로 65센트에 2개 사는 것보다는 30% 할인을 받아서 35센트를 주고 하나만 사는 것이 현명하다. 하지만 대개는 최저가 상품을 보면 필요 없는 물건까지 사는 경우가 더 많다.

백분율을 구하는 요령

50% : 원래의 값을 2로 나눈다.
25% : 50%를 2로 나눈다.
10% : 원래의 값을 10으로 나눈다.
5% : 10%를 2로 나눈다.
2½% : 5%를 2로 나눈다.
1% : 원래의 값을 100으로 나눈다.

위의 백분율 계산법을 응용하면 아래와 같은 계산이 더 쉬워진다.

25달러의 15% :   25달러의 10%=2.50달러, 5%=1.25달러.
                  둘을 더하면 15%=3.75달러.
70달러의 35% :   70달러의 50%=35달러이므로 25%=17.50달러,
                  10%=7달러. 이 둘을 더하면 35%=17.50달러+7파운드=24.50달러.
150달러의 17½% : 150달러의 10%=15달러, 5%=7.50달러, 2½%=3.75달러.
                  세 값을 더하면 17½%=26.25달러.

백분율을 계산할 때 주의할 점

백분율을 계산할 때 계산기를 쓰는 게 편하기는 하지만 계산기 화면에 찍힌 숫자를 무조건 믿으면 안 된다. 계산기 버튼은 얼마든지 잘못 누를 수 있기 때문에 잘못하면 식당에서 계산서가 잘못 나온 것도 모르고 돈을 더 내는 경우가 생긴다!

계산기로 백분율을 구할 때 몇 가지 주의해야 할 사항이 있다. 무엇보다도 계산기의 '%'버튼을 누른 뒤에는 '='버튼을 누르지 말아야 한다. 이 밖에 주의할 사항은 아래와 같으며 실제로 계산기에 입력할 내용은 괄호〈〉 안에 적었다.

① 곱하기

200달러의 9%는 얼마일까?

분수의 곱셈에서 언급했듯이 어떤 숫자의 몇 퍼센트를 구하라고 하면 '어떤 숫자'에 백분율을 곱하면 된다. 200달러×0.09=18달러. 이렇게 계산해도 되고 다음과 같이 100달러의 9%를 구해서 2를 곱해도 된다. 100×0.09=9달러, 9달러×2=18달러.

 계산기를 쓰면 다음과 같이 입력하면 된다.
〈200×0.09=〉 또는 〈200×9%〉

② 더하기

60달러에 $12\frac{1}{2}$%를 더한 금액은 얼마일까?

별도의 세금이 붙는 레스토랑의 계산서에는 이런 계산이 꼭 들어간다. 주문한 음식의 가격은 60달러이지만, 세금 따위를 포함시키면 최종 가격은 이보다 높아진다. 음식 가격 60달러에 봉사료 $12\frac{1}{2}$%가 붙었다면 가산되는 금액은 60달러×0.125=7.50달러이고 이를 더하면 60달러+7.50달러=67.50달러가 나온다.

 계산기 기능에 따라 다음과 같이 입력하면 바로 답이 나온다.
〈60+12.5%〉

가지고 있는 계산기에 위와 같은 기능이 없더라도 쉽게 답을 구하는 방법이 있다. 봉사료가 포함되지 않은 금액은 60달러×100%(=60달러)이고, 추가되는 금액은 60달러×12.5%이므로 전체 금액은 60달러×(100%+12.5%)가 된다. 이를 계산하면 60달러×112.5%=60달러×1.125=67.50달러.

③ 빼기

160달러에서 20%를 빼면 얼마일까? 160달러짜리 상품을 20% 세일할 때도 이런 계산을 할 수 있고, 급여로 받은 160달러 중에 20%를 세금으로 내야 할 때도 같은 계산을 해야 한다.

일단은 160달러×20%를 구해서 160달러에서 빼는 방법이 있다. 이를 계산하면 160달러×0.2=32달러이므로 160달러-32달러=128달러.

⟨160-20%⟩

또 다른 계산 방법도 있다. 최종적으로 내는 돈은 100%-20%=80%이므로 처음부터 80%를 곱하면 160달러×80%=128달러. 역시 같은 답이 나온다.

할인율의 오류

백분율을 계산할 때 저지르기 쉬운 몇몇 실수들이 있다. 다음 그림 속 이야기는 가장 흔히 일어나는 오류 두 가지를 단적으로 보여준다.

할인율을 더했다가 빼는 경우

가게 주인은 신발 가격이 원래대로 돌아가 있을 거라고 생각했다가 깜짝 놀

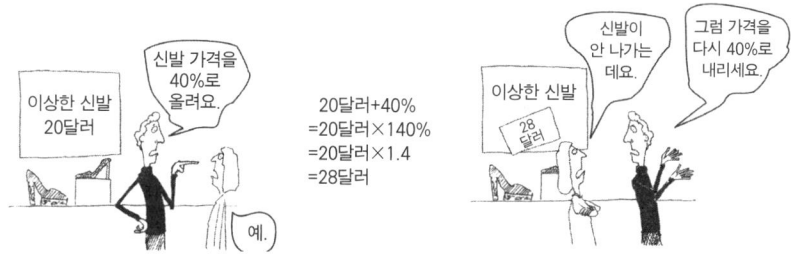

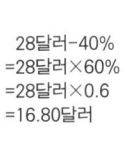

라고 말았다. 어떻게 된 일일까?

특정 가격을 놓고 가격을 내렸다 올렸다 할 때는 항상 처음 가격을 100%로 놓고 계산해야 한다. 맨 처음 정해진 금액이 모든 할인가와 할증 가격의 기준이 되어야만 계산에 착오가 없다.

처음에 가격을 40% 올렸을 때 오른 금액은 원래 금액의 140%이다(20달러× 140%=28달러).

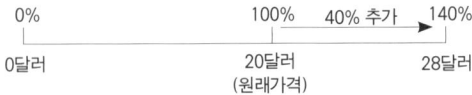

그런데 다시 40% 내릴 때 원래 가격에서 40%를 뺀 것이 아니라 40% 올린 금액에서 40%를 뺀 것이 문제였다. 다시 말해서 원래 금액을 100%로 놓고 계산해야 하는데 오른 금액을 100%로 놓고 할인율을 계산한 것이다.

부가세 계산하기

이제는 레스토랑에서 백분율 형태로 부과하는 봉사료나 물건의 할인가, 급여에서 떼는 세금의 액수(120, 121페이지의 '더하기'와 '빼기'를 참고하시오)를 계산하는 요령이 생겼을 것이다. 이번에는 세금이 포함된 물건 가격에서 세금을 뺀 가격을 구하는 연습을 해보자. 가령 17.5%의 세금이 포함된 컴퓨터를 293.75달러에 샀다면 세금을 제외한 컴퓨터만의 금액은 얼마일까?

많은 사람들이 이런 계산을 할 때 저지르는 실수 중에 하나가 293.75달러의 17.5%를 계산하는 것이다. 이 값을 세전 금액에서 빼면 242.34달러가 나오는데 이게 과연 맞는 답일까? 이러한 계산은 앞서 '이상한 신발'의 가격을 28달러에서 40% 할인했던 것과 같은 결과를 낳는다.

293.75달러라는 금액은 세금을 붙이지 않은 가격에서 1.175%의 세금을 붙였을 때의 가격이라는 점을 잊지 말자. 이를 수식으로 정리하면 다음과 같다.

(세전 컴퓨터 가격) × 1.175 = (세후 컴퓨터 가격)

구하려는 것은 세금이 붙기 전의 컴퓨터 가격이므로 양변을 1.175로 나누면,

(세전 컴퓨터 가격) = (세후 컴퓨터 가격) ÷ 1.175

이제 각각에 해당하는 숫자를 넣어보자.

293.75달러 ÷ 1.175 = 250달러

세금이 붙기 전의 컴퓨터 가격은 242.34달러가 아닌 250달러이며, 나중에 돌려받을 수 있는 세금은 293.75달러-250달러=43.75달러가 된다.

이자

오랫동안 저축해 놓은 돈의 이자를 받을 때면 '돈을 써 버리면 가난해지고 돈을 모으면 부자가 된다.'는 말을 실감할 수 있다.

이렇게 은행에 저축해 놓은 돈을 가리켜 프리미엄(또는 원금)이라 하고, 여기에 얼마간의 돈이 더 붙는 것은 이자이며, 이자가 붙는 비율을 백분율로 나타낸 것을 이자율이다. 이자의 종류는 크게 단리와 복리 두 가지가 있다.

단리

연이율 6%를 지급하는 통장에 700달러를 저축하면 1년에 6%의 이자가 붙는다. 즉, 1년이 지날 때마다 700달러의 6%에 해당하는 돈이 더 생기는데 이 금액을 계산하면 700달러×6%=700달러×0.06=42달러이다. 그래서 1년이 지난 뒤에 통장에 있는 돈은 742달러가 된다.

이 돈을 몇 년 더 놔두면 얼마가 될까? 단리를 적용했을 때 늘어나는 돈을 계산하는 공식은 다음과 같다.

$$단리 = p \times r \times t$$
$$p(premium) = 원금$$

r(rate) = 이자율(대개 소수로 씀)
t(time) = 햇수

 이 공식에 따라 연이율 6%의 통장에 700달러를 3년간 저축했을 때 생기는 돈을 계산하면 700달러×0.06×3=126달러이다. (백분율을 곱할 때는 소수로 전환해야 하므로 6%는 0.06으로 바뀐다!) 여기에 원금 700달러를 더하면 전체 금액은 총 826달러가 된다.

복리(더 큰 돈을 만드는 방법)

 연이율 6%의 통장에 700달러를 1년간 저축하면 원금과 이자는 총 742달러라고 했다. 이 돈을 모두 찾았다가 다시 1년간 저축하면 이율은 이전과 똑같은 6%이지만 원금은 742달러가 되어 1년 뒤의 이자는 742달러×0.06=44.52달러가 된다. 원금이 늘었기 때문에 이자도 첫해에 받은 것보다 늘어서 두 번째 해에 받는 원금과 이자는 742달러+44.52달러=786.52달러가 된다. 이번에도 이 돈을 모두 찾았다가 다시 1년간 저축하면 3년째의 이자는 지난해보다 많은 786.52달러×0.06=47.19달러가 된다.

 이렇게 3년이 지나면 통장에 있는 돈은 833.71달러가 된다. 통장에 넣은 돈을 1년마다 넣었다 뺐을 뿐인데 같은 기간 동안 단리로 저축했을 때보다 7.71달러의 돈이 더 생겼다. 해가 바뀔 때마다 원금에 이자를 더해서 원금을 늘려준 덕분에 원금에만 이자가 붙은 것이 아니라 이자에도 이자가 붙었기 때문인데, 이것이 복리의 개념이다.

 복리를 챙기려고 때마다 은행에 가서 돈을 찾았다가 다시 넣기를 반복할 필요는 없다. 다행히도 은행에서는 자동으로 복리를 계산해 주는데, 해마다 지급할 이자는 다음과 같은 공식으로 구한다.

복리(1년에 한번 지급하는 금액) = [(1 + r) t -1] × p

복리 6%로 3년간 700달러를 저축한 경우의 이자를 계산해 보자.
r은 0.06, t는 3, p는 700이므로,

[(1 + 0.06)³ - 1] × 700

괄호가 있는 수식은 순서를 잘 지켜서 계산하는 것이 가장 중요하다(48페이지 참고). 위의 수식은 가장 안쪽의 괄호 안에 있는 숫자부터 계산한 뒤 거듭제곱, 곱셈과 나눗셈, 덧셈과 뺄셈 순으로 계산해야 한다.

[(1+0.06)³-1]×700	안쪽의 괄호 안에 있는 숫자가 (1+0.06)이므로 이를 계산하면 (1.06).
=[(1.06)³-1]×700	괄호 밖의 3승을 계산할 차례다. 이를 풀어쓰면 1.06×1.06×1.06. 대괄호 안에 있는 -1까지는 계산기에 의존하지 말고 직접 계산해 보자.

계산기로 거듭제곱 계산하기

(1.06)³을 일반 계산기로 계산하려면 다음과 같이 입력한다. 〈1.06×1.06×1.06=〉 이 때의 답은 1.191016. 공학용 계산기가 있다면 x^y이나 x^y 또는 y^x이라고 적힌 버튼을 쓰면 된다. 이때는 〈1.06 x^y 3=〉이라고 입력하며 답은 1.191016으로 동일하다.

=[1.191016-1]×700	거듭제곱까지 계산하고 나면 괄호 안에는 뺄셈만 남는다. 1.191016-1=0.191016.

=0.191016×700　　　마지막 남은 곱셈만 하면,
　　=133.71　　　　　　3년 뒤의 복리 이자는 133.71달러이다.

　원금은 700달러였지만 3년이 지나자 700달러에 이자 133.71달러를 더해서 833.71달러가 되었다. 이로써 복리의 공식으로 구한 이자와 1년마다 돈을 빼고 넣을 때마다 이자를 계산해서 더한 값이 같음을 확인했다.
　실제로 은행에서는 연 단위의 복리뿐만 아니라 일, 월 단위로도 이자를 계산하기 때문에 이보다 더 복잡한 공식들을 쓴다. 덕분에 우리는 하루만 맡겨도 이자를 받을 수 있으니 얼마나 좋은가? 하지만 달리 말하면 대출이나 카드 대금을 하루만 늦게 갚아도 거기에 붙는 이자가 장난이 아니라는 뜻이기도 하다.

대출이자(또는 나가는 돈!)

　대출을 받거나 신용카드를 사용할 땐 항상 이자를 내야 한다는 점을 명심해야 한다! 빌린 돈이 많을수록 갚아야 할 이자도 많아진다.
　대출 조건은 천차만별이다. 대출이자는 대출 받는 사람의 수입과 대출하려는 금액, 담보, 대출 기간, 심지어는 대출받는 사람의 겉모습에 따라서도 달라질 수 있기 때문이다. 미국의 코미디언 밥 호프가 말하길 '은행은 내가 빌리려

는 돈이 전혀 필요 없어 보이는 사람에게만 돈을 빌려주는 곳이다'라고 할 정도로 은행 대출은 받기도 어렵고 갚기도 만만치 않다.

여기 은행 대출을 받지 못한 남자가 있다. 이 사람은 결국 월 10%라는 어마어마한 이자를 받는 샤크론 캐피탈에서 5,000달러를 빌렸다. 1년 뒤에 원금 5,000달러와 이자를 갚을 예정이라면 남자가 갚아야 할 돈은 전부 얼마일까?

불어나는 이자와 갚아야 할 돈

월 이율이 10%이므로 1년이면 10%×12=120%의 이자를 낼 것이고, 여기에 원금 100%를 더하면 1년 뒤(그때까지 상환한 금액이 없다는 가정 하에) 갚아야 할 돈이 원금의 220%라고 생각하는가? 혹시라도 그랬다면 이는 엄청난 오산이다.

대출이자는 언제나 복리로 계산된다. 그래서 첫 달에 110%였던 대출금이 다음 달에는 110%×110%가 되고 그다음 달에는 110%×110%×110%가 된다. 110%를 소수로 전환하면 1.1이고 1년이면 12개월이므로 1년 뒤 갚을 돈을 계산하면 1.1^{12}=약 3.14 즉 314%가 나온다. 이자에 이자가 붙어서 빚이 눈덩이처럼 불어났다!

5,000달러를 1년 뒤에 갚을 경우 남자가 갚아야 할 돈은 5,000달러×3.14=15,700달러. 이렇게까지 빚을 불리고 싶지 않으면 미리미리 중도상환을 하는 수밖에 없다.

이자 부담을 줄이려면(샤크론이 중도상환을 받아준다는 전제로) 적어도 이자는 매달 갚는 것이 좋다. 샤크론에서는 매달 대출금의 이자를 복리로 계산하고 있으므로 이자라도 내야 이자의 이자는 면할 수 있기 때문이다. 이자만 계산해도 5,000달러의 10%=500달러이다. 매달 500달러를 갚아도 이것은 이자이므로 원금 5,000달러는 계속 빚으로 남아 있다.

이자보다 많이 갚을 수 있어야만 원금이 줄어든다. 예를 들어 어느 달에 600

월	첫 달의 대출금	이자 10%	원금+이자	중도상환금	남은 대출금
1월	5,000달러	500달러	5,500달러	600달러	4,900달러
2월	4,900달러	490달러	5,390달러	600달러	4,790달러
3월	4,790달러	479달러	5,269달러	600달러	4,669달러
4월	4,669달러	467달러	5,136달러	600달러	4,536달러
5월	4,536달러	454달러	4,990달러	600달러	4,390달러

달러를 갚았다면 원금 5,000달러 중에 100달러가 줄어든다. 처음에는 고작 100달러 줄어든 것이 적어 보이지만 다음 달에 내야 할 이자도 함께 줄어들기 때문에 시간이 갈수록 먼지 갚은 100달러의 가치가 빛을 발하게 된다. 중도상환금이 600달러일 때 대출금이 얼마나 줄어드는지 확인해 보자. 표에 적힌 금액은 소수점 첫째 자리에서 반올림된 숫자들이다.

이 표에서 다음의 세 가지 사항에 주목하기 바란다.

❶ 시간이 지날수록 이자가 줄어들고 있다. 이것은 매월 중도상환을 하면 그만큼 대출을 빨리 갚을 수 있다는 뜻이다.

❷ 5개월 동안 상환한 금액은 3,000달러. 이자만 냈을 때보다 500달러를 더 냈지만 이로 인해 대출금은 5,000달러에서 4,390달러로 줄어들었다. 즉, 500달러를 미리 낸 덕분에 610달러를 번 셈이다.

❸ 위와 같이 매달 600달러를 갚을 경우 19개월이면 모든 빚을 다 갚을 수 있으며, 마지막 달에 갚아야 할 돈은 600달러가 아닌 484달러로 줄어든다. 19개월 동안 샤크론에 지불한 금액을 합산하면
600달러×18+484=11,284달러.

※ 484달러는 19번째에 갚은 돈이다.

아무쪼록 대출금을 갚을 때는 어떻게든지 매달 100달러라도 더 갚아내려고 해야만 단시간에 빚을 청산할 수 있다. 여기서 중도상환금을 700달러로 늘리면 빚을 갚는 데 걸리는 시간은 14개월로 줄어들며 그중 마지막 달에 갚을 돈은 700달러가 아닌 105달러가 된다. 이때 샤크론에 지불한 금액을 합산하면 700달러×13+105달러=9,205달러. 이렇게 700달러씩 갚으면 600달러씩 갚을 때보다 2,000달러가량의 대출금을 줄일 수 있다!

대출의 악순환

대출회사에 돈을 갚을 때 중도상환은 못할지언정 연체금은 만들지 말아야 한다. 연체금이 생기면 이자가 껑충 뛰는 것은 물론이고 연체금에 대한 이자까지 내야 한다. 예를 들어 첫 달에 대출이자 500달러를 내지 못할 경우 샤크론에서는 200달러의 연체료를 부과할 것이다.

연체료까지 갚을 경우의 상황은 다음과 같다.

연체료가 발생한 상태로 5개월이 지나면 대출금은 6,025달러로 불어난다. 첫 달에 갚지 못한 500달러 때문에 1,000달러가 넘는 빚이 더 생긴 셈인데, 이대로 가면 빚은 무한대로 커질 수밖에 없다. 첫 달을 제외하고 매달 대출 이자를 꼬박꼬박 갚더라도 12개월 후의 대출금은 6,997달러가 되며 2년 후에는 11,268달

월	첫 달의 대출금	이자 10%	원금+이자	중도상환금	남은 대출금
1월	5,000달러	500달러	5,500달러	못 갚음! 연체료 200달러	5,700달러
2월	5,700달러	570달러	6,270달러	500달러	5,770달러
3월	5,770달러	577달러	6,347달러	500달러	5,847달러
4월	5,847달러	585달러	6,432달러	500달러	5,932달러
5월	5,932달러	593달러	6,525달러	500달러	6,025달러

러, 3년 후에는 24,671달러, 4년 후에는 무려 66,738달러로 늘어난다.

샤크론에서 200달러의 연체료만 면제해 줘도 4년 후의 대출금은 49,099달러로 줄어들겠지만, 불행히도 연체료를 면제해 주는 대출회사는 없다. 4년이 지나면 연체료 200달러 때문에 대출이자가 17,000달러로 불어나는데 샤크론에서 이런 돈을 포기할 리가 없지 않은가!

대출회사에서 대출을 받은 사람들은 대출이자를 연체했다가 연체료와 연체료에 대한 이자가 불어나는 바람에 큰 빚을 지게 되는 경우가 많다. 위에서 예로 든 연체료는 200달러였지만 실제로 대출회사에서 부과하고 있는 연체료와 이자율은 이보다 훨씬 높다.

도량형과 단위 환산

200년 전 프랑스에서 도량형이 통일되기 전에는 길이와 무게와 부피를 측정하는 단위가 수백 가지였다. 우리가 현재 사용하고 있는 도량형은 미터법인데, 미터법은 세 가지의 기본 단위만 알면 단위 간의 전환이나 측정이 용이한 편이다.

미터, 리터, 그램

미터 단위는 파리를 지나 북극과 적도를 잇는 거리의 1/10,000,000을 1미터로 정한 것이 그 기원이다. 미터법을 기준으로 적도에서 북극까지의 거리는 10,000km이고 적도의 둘레는 약 40,000km이다. (지구가 완벽한 구형은 아니므로 정확히 말하면 적도의 둘레는 40,075km이다.)

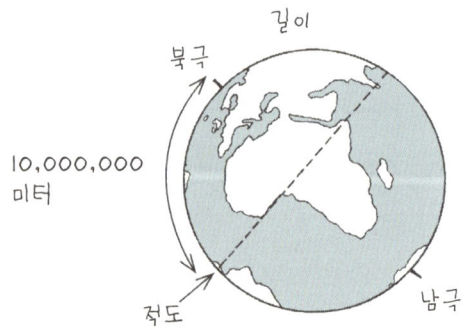

1그램은 한 변의 길이가 10mm인 정육면체에 담긴 4℃의 물의 부피를 기준으로 한다. 한 변이 10mm이면 작은 주사위 만한 크기다. (물의 온도를 4℃로 한정한 것은 이때의 물의 밀도가 가장 높기 때문이다. 온도가 더 올라가거나 내려가면 물의 밀도가 달라져서 무게가 얼마간 줄어든다.)

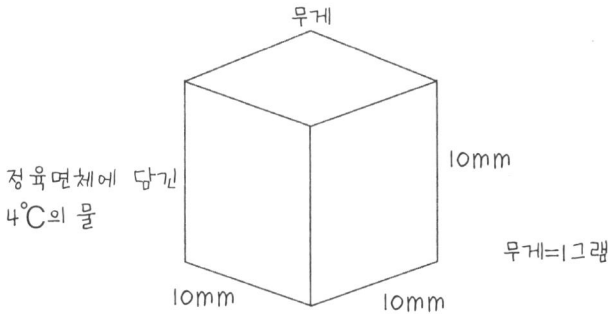

1리터는 한 변의 길이가 100mm인 정육면체에 담긴 액체의 양을 기준으로 한다. 여기에 4℃의 물이 담겨 있으면 그 무게는 정확히 1킬로그램이다. 한 변의 길이가 1m인 정육면체에 담긴 물은 부피가 1,000리터에 무게는 1,000kg=1톤이다. 다른 말로 하면 부피가 1세제곱미터인 물의 무게는 1톤이라는 뜻이다. 아주 쉽지 않은가.

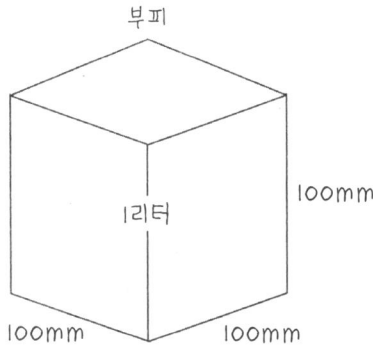

물의 온도를 4℃로 맞췄을 때 가장 정확한 무게와 부피를 측정할 수 있지만, 온도가 좀 안 맞더라도 무게가 크게 변하지는 않는다. 가령 물의 온도가 끓는 점에 가까울 때 1,000리터의 무게가 0.96톤 정도이므로 1톤과 큰 차이는 없다.

킬로, 메가, 밀리

세 가지 기본 단위인 미터와 리터와 그램을 알면 간단한 곱셈과 나눗셈을 통해 더 큰 숫자 또는 작은 숫자를 나타내는 단위로도 쉽게 전환할 수 있다. 1,000미터는 1킬로미터이고 1미터는 1,000밀리미터라는 것은 잘 알고 있지만 이보다 더 크고 작은 숫자를 나타내는 단위는 다 외우지 못할 수도 있으니 다음 표를 보면서 정리해 보자.

큰 단위	작은 단위
데카(da) ×10 또는 ×10^1	데시(d) ×0.1 또는 ×10^{-1}
헥토(h) ×100 또는 ×10^2	센티(c) ×0.01 또는 ×10^{-2}
킬로(k) ×1,000 또는 ×10^3	밀리(m) ×0.001 또는 ×10^{-3}
메가(M) ×1,000,000 또는 ×10^6	마이크로(μ) ×0.000001 또는 ×10^{-6}
기가(G) ×10^9	나노(n) ×10^{-9}
테라(T) ×10^{12}	피코(p) ×10^{-12}
페타(P) ×10^{15}	펨토(f) ×10^{-15}

위의 표에서 지수 앞에 (-)기호가 붙은 단위들은 10분의 1로 '나눠야' 하므로 $10^{-6} = \frac{1}{10^6}$ 이 된다. 데카미터나 헥토미터 또는 데시미터와 같은 단위들은 거의 쓰지 않으며 요즘엔 센티미터도 별로 쓰지 않는 추세다. 건물을 짓는 경우에도 현관문의 너비를 기록할 때 '75센티미터'라고 쓰기보다는 '750밀리(밀리미터)'라고 쓴다. 밀리미터를 미터로 바꾸려면 750mm를 1,000으로 나누면 된다. 750÷1,000=0.75m.

기타 단위

- 톤 : 1톤은 1,000kg과 같으며 그램으로 쓰면 1,000,000g 또는 1Mg과도 같다. 미터법에서 정한 톤/미터톤과 영국톤은 그 무게가 거의 같다(미국톤은 조금 가벼운 편이라 미터톤으로 환산하면 약 0.9톤이 된다).
- 헥타르 : 1헥타르는 가로 세로 100m×100m인 정사각형의 넓이 10,000m²와 같으며, 이는 2.5에이커와 같은 면적이다.
- 광년 : 일상생활에서는 거의 쓸 일이 없지만 천문학에 관심이 있는 사람이라면 빛의 속도로 거리를 표현하는 '광년'의 개념을 들어 봤을 것이다. 빛이 1년 동안 이동하는 거리를 1광년이라 하며, 이를 미터법으로 환산하면 약 9,500,000,000,000km에 이른다. 태양에 가장 가까이 있는 별이 태양과 4.2광년 정도 떨어져 있다고 한다.

머리카락의 굵기

사람의 머리카락 굵기는 약 100㎛라고 하는데 이 정도면 얼마나 가늘다는 뜻일까? 1,000㎛는 1밀리미터와 같으므로 100㎛는 0.1mm이다. 즉, 머리카락 한 가닥의 굵기는 1밀리미터의 10분의 1인 셈이다.

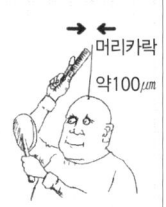

단위 환산

측정 단위가 다른 두 값을 비교하려면 단위 환산이 필요하다. 요리책에 적혀 있는 재료의 양이나 옷의 사이즈, 환율, 날씨 정보 등을 알아볼 때도 사용하는 단위가 다르면 그 수치가 무얼 의미하는지 감을 잡을 수가 없다. 이번에는 자주 쓰이는 단위 간의 환산 비율을 알아보자.

미터법과 야드 단위의 환산

가장 보편적으로 사용하는 도량형은 미터법이다. 하지만 간혹 예전에 나온 영미권의 요리책을 들춰 보거나 DIY 조립설명서를 보면 야드와 파운드 단위가 심심찮게 등장하는 편이다. 단위를 환산할 때는 환산 기준이 있어야 하는데, 야드파운드법과 미터법의 기본 환산 비율은 다음과 같다.

1마일=1.609킬로미터	1영국 갤런=4.55리터*
1야드=0.914미터	1영국 파인트=568밀리리터*
1인치=25.4밀리미터	1미국 갤런=3.78리터*
1파운드=454그램	1미국 쿼트=946리터*
1온스=28.35그램	1미국 파인트=473밀리리터*
1액량 온스=28.4밀리미터	1미국 컵=237밀리리터*
1에이커=4,047제곱미터 또는 약 0.4헥타르	(*표시된 숫자는 중량 단위가 아닌 액량 단위임.)

참고사항: 4미국 컵=2미국 파인트=1미국 쿼트=0.25미국 갤런.

환산 기준과 곱셈/나눗셈법만 알면 단위 환산은 어렵지 않다. 다만 어떤 숫자를 곱하고 어떤 숫자로 나눌지를 선택할 수 있으면 된다. 가령 1마일=1.6km일 때 28킬로미터를 마일로 환산한다면 28×1.6이 맞을까 아니면 28÷1.6이 맞을까? 이러한 고민을 쉽게 해결하는 요령은 환산 기준에 있다. 1마일과 1.6km를 숫자만 놓고 비교하면 1이 1.6보다 작으므로 마일은 항상 킬로미터보다 작은 숫자로 나올 것임을 예상할 수 있다.

그러므로 1.6을 곱하기보다는 나누는 게 맞는 계산이 될 것이고, 28÷1.6을 계산하면 28km=17.5마일이 나온다.

미터와 마일

때로는 계산이 너무 쉬워서 실수하는 경우가 생긴다. 가령 1m=1,000mm와 같은 단순한 단위 환산을 할 때 ×1,000이나 ÷1,000을 하다가 소수점을 잘못 계산하면 엉뚱한 답이 나오기 십상이다.

연습 삼아 0.04미터를 밀리미터로 바꿔 보자. 미터를 밀리미터로 바꾸면 숫자가 커질 것이므로 ×1,000을 하면 0.04×1,000=40mm.

이번에는 520mm를 미터로 바꿔 보자. 밀리미터를 미터로 바꾸면 숫자가 작아질 것이므로 ÷1,000을 하면 520÷1,000=0.52미터가 된다.

환율

환율 역시 단위를 환산할 때와 같은 방법으로 계산하면 된다. 환율은 시시각각 변할 뿐더러 어떤 나라의 화폐를 기준으로 설명하기가 애매하므로 17세기 유럽에서 썼던 더블룬(옛 스페인의 금화-역주)과 그로트(옛 유럽의 은화-역주)를 예로 들겠다.

1더블룬=3.76그로트일 때 500더블룬을 그로트로 바꾸면 얼마일까? 더블룬을 그로트로 환산하면 숫자가 커질 것이므로 곱하기를 하면 500×3.76=1,880더블룬.

하지만 실제로 환전을 할 때는 환율뿐만 아니라 환전수수료도 고려해야 한다. 수수료를 빼면 환율만으로 계산한 금액보다 액수가 적어지기 마련이다. 그러나 수수료가 아깝다고 환전소 직원과 싸울 수는 없는 노릇이다.

환율의 모순

환율과 환전에 관한 재밌는 이야기가 있다. A국가와 B국가는 언제나 상대 국가의 화폐가치보다 본국의 화폐가치를 더 높게 매기는 관계였다. 그래서 A국가에 가면 자국의 화폐 4a를 B국가의 화폐 5b와 같게 쳐주었고, 반대로 B국가에 가면 4b를 5a로 쳐 주었다. 때마침 한 남자가 다음과 같이 환전을 해서 부자가 되었다고 한다!

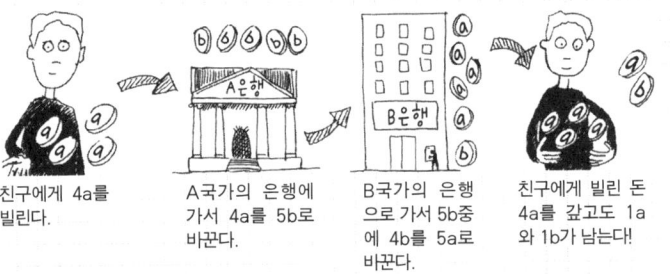

| | 친구에게 4a를 빌린다. | A국가의 은행에 가서 4a를 5b로 바꾼다. | B국가의 은행으로 가서 5b중에 4b를 5a로 바꾼다. | 친구에게 빌린 돈 4a를 갚고도 1a와 1b가 남는다! |

남자가 빌린 돈을 갚고도 마지막에는 돈이 남았다. 이익을 본 사람이 있으면 분명 손해를 본 사람도 있을 것이다.

온도

온도의 단위를 환산해 보자. 온도의 단위로는 가장 널리 쓰이는 섭씨(또는 100분도)와 화씨 그리고 과학자들이 사용하는 절대온도 켈빈이 있다.

	화씨	섭씨	켈빈
끓는점	212°F	100°C	373°K
어는점	32°F	0°C	273°K
혈액의 온도	98°F	37°C	310°K
절대영도	-459.67°F	-273.15°C	0°K

섭씨를 화씨로, 화씨를 섭씨로 바꿔 주는 공식은 다음과 같다.

$°C = (°F - 32) \times \frac{5}{9}$ 화씨온도에서 32를 뺀 다음 5를 곱하고 9로 나누면 섭씨온도가 된다.

$°F = (°C \times \frac{9}{5}) + 32$ 섭씨온도에 9를 곱하고 5로 나눈 다음 32를 더하면 화씨온도가 된다.

절대0도는 측정 가능한 가장 낮은 온도이며 이는 영하 273.15℃에 해당한다. 절대온도는 절대0도를 시작점으로 잡았을 뿐이며, 절대온도가 1도 오르면 섭씨도 똑같이 1도 올라간다. 그래서 절대온도를 섭씨로 환산할 때는 °K=℃+273 으로 계산한다.(0.15℃의 차이는 고려하지 않는다.)

온도를 변환하는 공식이 잘 외워지지 않으면 100℃가 212°F와 같다는 것만이라도 기억하자. 공식을 맞게 외웠는지 확인하고 싶다면 다음과 같이 100℃를 환산했을 때 212°F로 바뀌는가를 확인하면 된다. 섭씨100도에 9를 곱하고 (=900) 5로 나눈 다음(=180) 32를 더하자 화씨212도가 나왔다.

한 가지 신기한 것은 섭씨40도는 단위 환산을 할 필요도 없이 화씨에서도 40도이다.

선, 면적, 부피

 빵 굽기를 좋아하는 사람들은 케이크를 구워서 둘레에 리본을 두르고 클링 필름(식품포장용 비닐-역주)을 씌워서 선물을 하기도 한다. 이럴 때 리본의 길이(선)는 어느 정도로 하고 클링 필름은 얼마만한 크기(면)로 자르며 케이크의 재료(부피)는 얼마나 들어갈지를 고려해야 한다. 때로는 똑같은 양의 케이크 믹스를 여러 개 사서 아래 그림처럼 서로 다른 모양의 케이크를 만들 수도 있다.

 이렇게 만든 케이크는 부피가 같아도 각각에 필요한 리본 길이와 클링 필름의 양이 다 다르다. 길이와 면적과 부피는 서로 연관된 개념이면서도 이만큼 다르다. 빵을 굽거나 집을 고칠 일이 있다면 이 세 가지 개념을 잘 이해하고 있어야 한다.

선

선은 두 점 사이의 거리를 말한다. 선의 길이를 잴 때는 그 길이에 상관없이 공통된 측정 수단을 사용한다. 가령 연필은 130mm, 육상 트랙은 100m, 킬마녹(Kilmarnock)에서 노르위치(Norwich)까지의 거리는 705km(또는 438마일)이라고 말할 수 있는 것은 선의 측량법이 하나로 통일되어 있기 때문이다. 밀리미터(mm)와 미터(m), 킬로미터(km)는 모두 선을 측정하는 단위다.

새로 산 TV 소켓을 옮기는 데 필요한 전깃줄을 사기 위해 도면에 벽면의 길이를 적어서 철물점에 가지고 갔다.

그림처럼 이전 소켓이 있던 자리에서 새로운 소켓이 있는 자리까지 연결할 전깃줄을 사려는데 벽면 a와 b의 길이를 미처 재지 못했다면 전깃줄이 얼마나 필요할지는 어떻게 알아볼까?

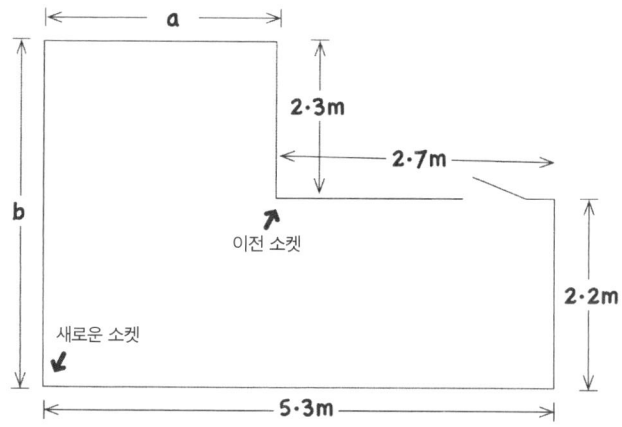

전깃줄을 현관문 밖으로 내보내면 된다고 답하지는 말라. 계산하기 귀찮아서 핑계를 대는 것은 너무 비겁해 보인다. 당신에게 필요한 전깃줄은 2.7+2.2+5.3=10.2m이며, 문 주위를 돌아갈 분량까지 고려하면 여유 있는 분량이 필요하다. 좀 더 머리를 쓰면 도면을 보고 벽면 a와 b의 길이를 계산해서 전깃줄의 분량을 정하는 방법도 있다. 가장 긴 가로면의 길이가 5.3m이고 짧은 쪽이 2.7m이므로 a=5.3-2.7=2.6m이고, b=2.2+2.3=4.5m이다. 현관문을 지나지 않는 쪽의 벽면 길이는 2.3+a+b이므로 위에서 구한 a와 b값을 대입하면 2.3+2.6+4.5=9.4m라는 답이 나온다.

휘어진 공간

직선이 두 점을 잇는 가장 짧은 거리라는 것은 과연 맞는 말일까? 휘어진 공간에서는 그렇지가 않다! 대개는 직선이라고 하면 평평한 바닥에 놓인 종이 위에 그린 직선만을 생각하며, 지도에서 북극과 남극 사이의 최단 거리를 찾아보라고 하면 아래 왼쪽 그림의 점선과 같은 위치에 선을 그린다. 하지만 북극과 남극 사이의 진짜 최단 경로는 따로 있다!

2차원으로 본 세계 지도

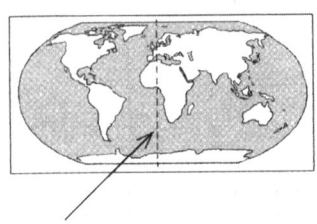

북극과 남극 사이의
거리가 가장 짧음

3차원으로 본 세계 지도

2차원 지도에서
가장 짧게
그려졌던 선

실제로 가장 짧은 선은
지구의 중심을 지나
북극과 남극을 잇는 선.

우리가 사는 세상은 2차원이 아닌 3차원이다. 그래서 실제로 북극과 남극 사이를 이동하려면 오른쪽 그림과 같이 곡선을 이루는 경로로 움직여야 하며, 두 지점을 잇는 최단 경로는 지구의 중심을 지나는 선이 된다.(최단 경로의 길이는 나중에 구할 것이다.) 그렇다면 4차원 세상에서는 더 짧은 경로를 찾을 수 있지 않을까? 이것이 바로 아인슈타인이 연구한 상대성이론과도 연결된 내용이다.

면적

길이를 알면 면적도 구할 수 있다. 벽면 b에 페인트를 칠할 때 얼마만큼의 페인트가 필요한지를 알려면 면적을 알아야 하는데, 벽면의 길이가 4.5m라는 것만으로 넓이를 구할 수 있을까?

철물점에서 750ml짜리 페인트 1통을 사서 설명서를 봤더니 페인트 1리터당 $12m^2$를 칠할 수 있다고 한다.

여기에 적힌 m2는 면적을 뜻하는 단위이며 제곱미터 또는 평방미터라고 읽는다. 페인트 1리터로 12m2를 칠할 수 있다는 것은 벽면의 모양에 관계없이 1m×1m 크기의 정사각형 12개에 해당하는 면적을 칠할 수 있다는 뜻이다. 그렇다면 750ml, 즉 0.75 l 페인트 1통으로 칠할 수 있는 면적은 12× 0.75 l =$9m^2$이다.

벽면의 면적 구하기

벽면b의 한쪽 길이만 알아서는 면적을 구할 수 없다. 벽면의 높이까지 알아야 면적도 구하고 필요한 페인트의 양도 계산할 수 있다. 면의 모양에 따라 면적을 구하는 공식이 조금씩 다르기는 하지만 면적을 구할 때 가로와 세로의 길이를 곱한다는 기본 틀은 변하지 않는다. 다양한 도형의 면적을 구하는 방법은 잠시 후에 살펴보기로 하고, 우선은 가장 단순하고 기본적인 직사각형의 넓이를 구하는 방법부터 알아보자.

직사각형의 넓이 = 가로 × 세로

벽면b의 높이가 2.5m이고 가로 길이가 4.5m이면 세로×가로=2.5m×4.5m=$11.25m^2$가 된다.

길이 단위인 미터와 미터를 곱하면 제곱미터(평방미터)가 된다.

벽면b의 넓이는 11.25m²인데 페인트 1통으로 칠할 수 있는 면적은 9m²이므로 1통으로는 모자라고 2통이면 페인트가 너무 많이 남을 것 같다. 그래서 이왕 하는 김에 모든 벽면에 페인트를 칠하기로 했다. 이제는 벽면 전체의 넓이를 구해서 페인트의 필요량을 계산해야 한다. 벽의 높이가 2.5m이므로 각 벽면의 면적을 구해서 더하려고 봤더니 다음과 같은 계산식이 나왔다. (4.5×2.5)+(5.3×2.5)+(2.2×2.5)+(2.7×2.5)+(2.3×2.5)+(2.6×2.5)…. 이번에는 계산이 너무 복잡해졌다!

이런 경우에는 각각의 넓이를 따로따로 구하지 말고 모든 벽이 하나로 연결된 직사각형이라 생각하고 넓이를 구하면 계산이 훨씬 간단해진다.

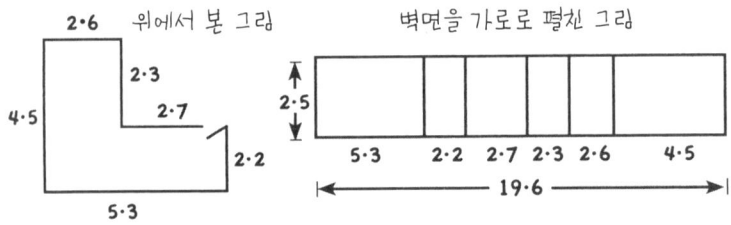

벽면 전체의 가로 길이가 19.6m이므로 여기에 높이 2.5m를 곱하면 넓이는 19.6×2.5=49m²가 된다.

페인트 1통으로 9m²를 칠하므로 49m²를 칠하려면 49÷9=5.44. 페인트 6통이면 모든 벽을 칠하기에 적당한 양이라는 결론이 나온다.

이보다 더 정확하게 면적을 계산하려면 위에서 구한 벽의 넓이에서 창문과 현관문의 넓이를 빼야 한다. 문의 넓이는 대략 0.75m×2m=1.5m²라 치고, 창문의 넓이만 각자 정해서 계산해 보면 되겠다. 현관문만한 창문으로 상상했다면 똑같은 크기를 빼주고, 문의 절반이나 반의 반으로 생각했다면 그만큼을 계산해서 빼주면 된다. 혹시라도 창문 크기를 계산하기가 귀찮으면 창문도 페인트로 칠해버리고 그 대신에 커튼 값을 아끼면 되겠다.

벽돌과 블록

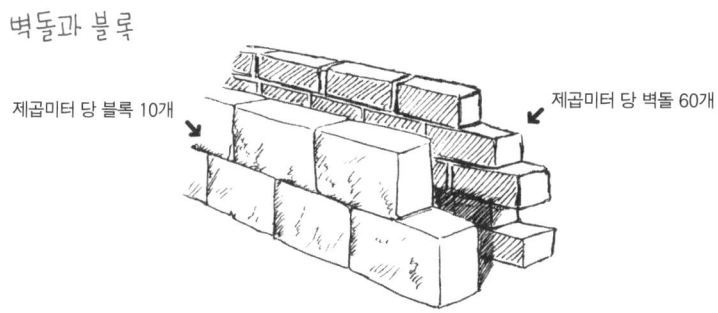

건축물의 외벽에 쌓는 규격 벽돌을 한 겹으로 쌓으면 보통 1m²당 60개의 벽돌이 필요하며 내벽에 쌓는 건축 블록은 1m²당 10개의 블록이 들어간다.

만약 위 그림과 같이 벽돌과 블록으로 쌓은 벽의 5.3m×2.5m에 상당하는 부분이 부서졌다면 벽을 새로 쌓는 데 드는 벽돌과 블록은 몇 개일까? 외벽에 있는 벽돌은 5.3×2.5×60=약 800개가 필요하며, 내벽에 있는 블록은 5.3×2.5×10=약 135개가 필요하다. 벽돌과 블록의 개수를 계산해야 할 일이 전혀 없을 것 같겠지만 내 친구는 실제로 이런 일을 겪었다. 벽돌과 블록이 몇 개나 필요한지를 모르고 무작정 벽돌공을 불렀다가 일찌감치 벽돌이 다 떨어져서 벽을 쌓지 못했던 그 때를 생각하면 그 친구가 얼마나 황당했을지 짐작이 가고도 남는다.

천장에 페인트 칠하기

벽에 칠한 페인트 색깔이 마음에 들어서 천장에도 같은 페인트를 칠하려고 한다. 아까와 마찬가지로 천장의 면적을 알아야 페인트가 얼마나 필요한지를 알 수 있는데 안타깝게도 천장이 직사각형이 아니라서 면적을 구하기가 조금 복잡해졌다. 하지만 천장의 모양을 둘로 나누면 두 개의 직사각형이 되므로 각각의 면적을 구해서 더하면 된다.

천장의 면적을 구하는 방법은 다음과 같다.

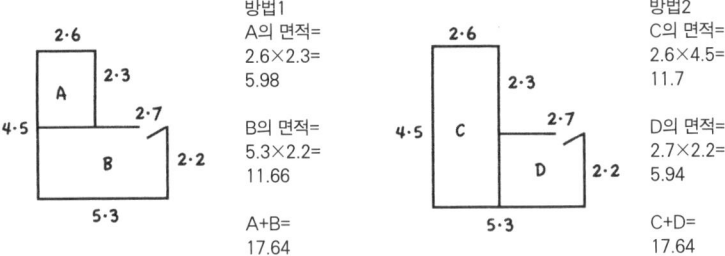

어떤 방법을 쓰더라도 천장의 면적은 17.64m²이다. 페인트 1통으로 9m²를 칠할 수 있으므로 2통만 있으면 천장 전체를 칠할 수 있다.

면적을 구하는 공식들

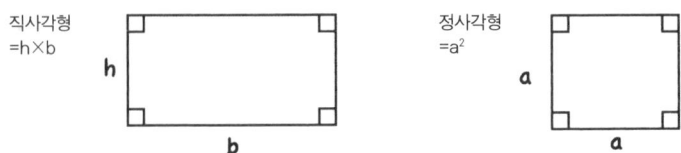

직사각형 공식은 이미 알고 있다. 정사각형은 직사각형의 한쪽 변이 나머지 한쪽과 똑같은 사각형이라서 양변의 길이를 곱한 것이 제곱으로 표현된 것뿐이다.

직각삼각형은 직사각형을 대각선 방향으로 이등분한 모양과 같으며 면적 역시 직사각형 면적의 절반이다.

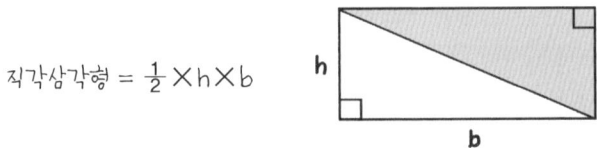

모든 삼각형은 그 삼각형의 가장 짧은 두 변의 길이를 가로와 세로로 하는 직각사각형 넓이의 절반에 해당하는 면적을 갖는다. 아래 그림에 회색으로 표시한 삼각형은 흰색으로 표시한 삼각형과 동일한 면적을 갖는다. 이것을 공식으로 표현하면 다음과 같다. 면적= $\frac{1}{2}$ ×밑변×수직선 높이.

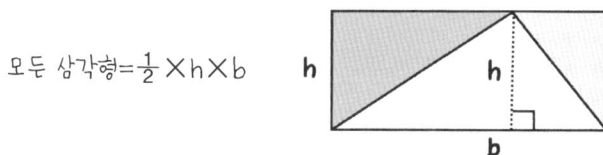

삼각형의 면적을 구하는 공식을 모르는 사람은 거의 없지만 실제로 이 공식을 쓸 일은 거의 없다. 그런데 다음에 소개할 공식들은 이보다 더 쓸 일이 없을 수도 있다. 하지만 사다리꼴이나 평행사변형 모양의 천장이나 문이 있는 집에 살게 된다면 이 공식이 꼭 필요할 것이다.

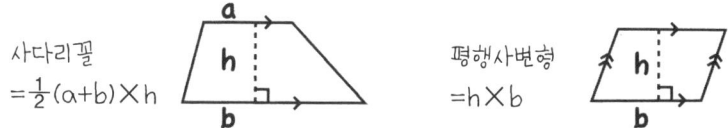

사다리꼴과 평행사변형에 그려진 작은 화살표는 두 변이 평행임을 나타낸다. 이 공식을 알고 있어도 두 도형에서 h(수직선 높이)값을 모르면 면적을 구할 수 없다.

마지막으로 지도상의 면적을 구하는 방법을 알아보자. 아래 그림과 같은 호수가 지도상에 있는 경우 작은 사각형이 나타내는 면적을 알고 호수에 포함된 사각형의 개수를 알면 호수의 면적을 구할 수 있다. 작은 사각형의 한 변의 길이가 0.1km를 나타내면 사각형의 면적은 $(0.1)^2=0.01km^2$이라는 뜻이다. 호수에 포함된 사각형이 대략 35개이므로 호수의 면적은 $0.35km^2$라 추정할 수 있다.

어떤 모양이라도 면적을 구할 수 있다! -
사각형의 개수만 세어 보자!

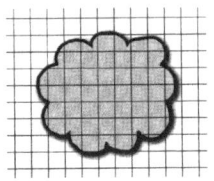

입방체의 부피

길이는 길이를 재면 알 수 있고 면적은 두 개의 길이를 알면 구할 수 있지만 부피는 세 가지를 알아야 구할 수 있다. 가장 단순한 입방체인 육면체의 부피를 구해 보자. 육면체는 직사각형으로 둘러싸인 상자 모양을 말하며 이 상자의 길이와 너비, 높이를 알면 부피를 구할 수 있다.

집에 있는 빈 방을 커다란 수족관으로 만들고 싶은데 물을 얼마나 채워야 할지 모르겠다면 다음과 같이 계산하면 된다. 먼저 방의 길이를 재고 부피를 구한다. 방의 가로 세로 높이가 4m×3m×2.5m이므로 부피는 30m³이다. 부피를 뜻하는 단위는 m³이며 세제곱미터 또는 입방미터라 읽는다. 30m³는 세 변의 길이가 1m인 입방체 30개를 합친 것과 같은 부피이며, 133페이지에서도 말했지만 1세제곱미터의 물은 1톤과 같다. 그렇다면 빈 방에 만든 수족관에 들어갈 물은 무려 30톤이라는 뜻이다!

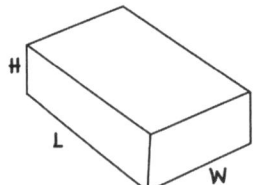

육면체의 부피
=L(길이)×W(너비)×H(높이)

육면체 다음으로 자주 등장하는 입방체는 원기둥인데, 원기둥의 부피를 구하려면 먼저 π라는 개념을 알아야 한다.

원과 π

원의 둘레를 원주라 부르고 원의 중심을 가로지르는 선을 지름, 원의 중심에서 원주까지의 거리를 반지름이라 하며, 이 세 가지가 모두 π와 연결되어 있다. 그리스 문자인 π는 파이라고 읽으며 원주를 그 지름으로 나눴을 때 공통으로 나오는 특별한 숫자를 이 문자로 표현한다.

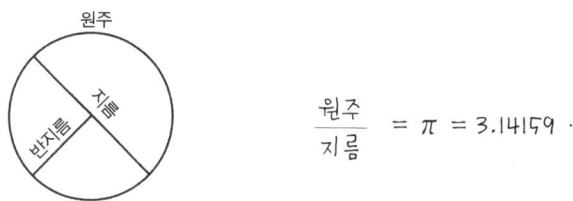

π는 무한소수라서 다 쓰자면 끝이 없지만 3.14나 $\frac{22}{7}$ 라고만 써도 충분하다. π는 원의 면적과 원기둥의 부피, 구의 부피를 구할 때도 필요하다.

대표적인 원의 공식은 다음과 같다.

π 계산하기

정확한 π값을 계산하기 어렵다 보니 π를 구하는 데 온 열정을 바친 사람들도 많다. 고대 그리스의 수학자인 아르키메데스는 원형에 가까운 정96각형을 그려서 π값이 $3\frac{10}{71}$과 $3\frac{1}{7}$ 사이에 있다는 것을 알아냈는데, 이는 현재 우리가 알고 있는 π값과 0.001의 오차밖에 나지 않는다.

16세기 독일의 수학자인 루돌프 반 쿨렌(Ludolph van Ceulen)은 무려 320억 개의 면이 있는 다각형을 그려서 π의 소수 35번째 자리까지 구하는 데 성공했지만 이 값을 구하기까지 무려 20년이 걸렸다고 한다. 쿨렌이 평생을 바쳐서 얻은 연구 기록은 불행히도(?) 쿨렌이 사망한 바로 다음해에 다른 수학자들에 의해 깨지고 말았다. 특히 아이작 뉴턴은 쿨렌이 구한 값보다 더 긴 숫자를 보다 쉽게 구하는 방법까지 알아냈다. 지금은 컴퓨터로 π를 계산하면 소수점 아래로 1조 개가 넘는 숫자까지 구할 수 있지만 π값이 어디서 끝나는지는 아직 아무도 모른다.

지름 = 2×반지름, 일반적으로 d(지름)=2r(반지름)이라고 씀.
원주 = π×지름, 일반적으로 c=πd 또는 c=2πr이라고 씀.
원의 넓이 = πr²

142페이지에서 지구의 북극과 남극 사이의 최단 거리에 대해 이야기한 것을 기억하는가? 아래 그림의 점선과 같은 경로로 북극에서 남극까지 이동하는 거리는 20,000km라고 했지만, 최단 거리라고 했던 지구의 중심을 통과하는 거리는 아직 알아보지 못했다.

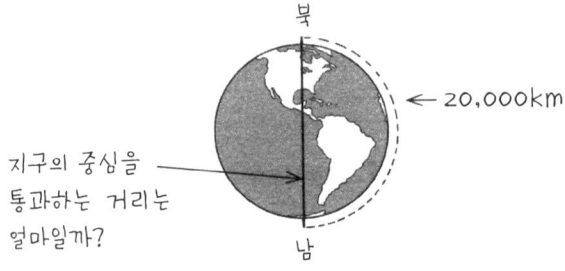

20,000km가 지구 둘레의 절반이므로 지구 전체의 둘레는 2×20,000=40,000km이다. 지구의 중심을 통과하는 거리는 d에 해당하므로 공식 c=πd를 사용하면 π×d=40,000이고 π를 우변으로 옮기면 d=40,000÷π=12,732km가 나온다.

이번에는 스케일을 좀 줄여서 지름 18m의 원형 잔디를 살펴보자. 잔디를 만들기 위해 싹을 틔울 씨앗을 사러 갔더니 씨앗 한 상자로 만들 수 있는 잔디가 10m² 라고 한다면 씨앗은 몇 상자가 필요할까? 먼저 원의 면적을 구하는 공식인 πr²을 써서 잔디밭의 면적부터 알아보자. 잔디밭의

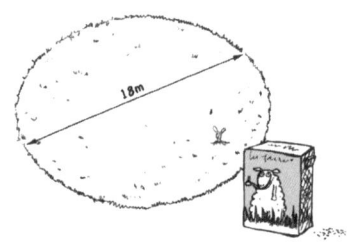

지름이 18미터이고 공식에 대입해야 할 숫자는 반지름이므로 주어진 지름을 반으로 나누면 r=$\frac{18}{2}$=9미터가 된다. 원의 넓이를 구하는 데 필요한 수치가 다 모였으므로 이를 공식에 대입하면 $\pi r^2=\pi \times r \times r=\pi \times 9 \times 9=\pi \times 81=254m^2$. 씨앗 한 상자에 잔디 $10m^2$를 만들 수 있으므로 $254m^2$를 만들려면 254÷10=25.4상자의 씨앗이 필요하다.

원기둥

원기둥의 부피를 구하는 공식에도 π가 들어간다. 원기둥의 부피는 원기둥 한 쪽 바닥의 넓이(=원의 넓이)에 원기둥의 높이를 곱해서 구한다.

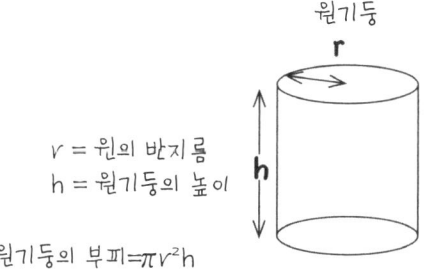

우연히 철물점에 들렀다가 아주 마음에 드는 색깔의 페인트를 발견했는데 통에 용량이 적혀 있지 않다면? 통의 크기만 잴 수 있으면 페인트의 양은 쉽게 알 수 있다. 윗면에 있는 원의 반지름을 몰라서 지름을 쟀더니 160mm가 나왔다. 반지름은 지름의 절반이므로 r=160÷2=80mm이고, 높이를 쟀더니 0.3m이다.

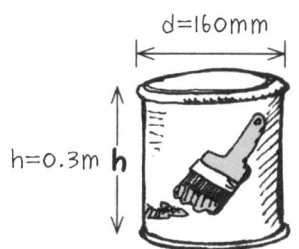

면적이나 부피를 구하는 공식에 수치를 대입할 때는 단위에 주의한다. 반지름은 밀리미터로 적었고 높이는 미터로 적었으므로 모든 수치를 미터로 바꾸

자. 단위를 하나로 통일하지 않으면 올바른 답을 구할 수 없다. 페인트 통의 반지름 80밀리미터를 미터로 환산하면 0.08미터이므로 r=0.08, h=0.3을 공식에 대입하면,

페인트 1통의 부피 $= \pi \times (0.08)^2 \times 0.3$
$= \pi \times 0.0064 \times 0.3$
$= 0.00603 m^3$

잠시 133페이지를 참고해서 1세제곱미터=1,000리터임을 확인한 뒤에 리터로 바꾸면 0.00603×1,000=6.03리터가 나온다.

앞에서 벽면을 칠하는 데 750ml짜리 페인트가 6통, 천장에 칠하는 데 2통이 들어서 총 8통이 든다고 했는데, 여기에 든 페인트의 양을 리터로 환산하면 모두 얼마일까? 750밀리리터=0.75리터이므로 페인트 8통=8×0.75=6리터이고 이 정도면 방금 본 큰 페인트 1통의 양과 비슷하다. 다시 말해 큰 페인트 1통을 샀다면 벽과 천장을 다 칠할 수 있었다는 뜻이기도 하다!

지름길

줄자만 있으면 π 없이도 원기둥의 부피를 구할 수 있는 방법이 있다. 줄자로 원의 둘레(c)와 지름(d)과 높이(h)를 잰다. 이때 원주에 자동으로 π값이 들어가게 되므로 공식은 다음과 같이 간단하게 바뀐다.

원기둥의 부피 $= \dfrac{dch}{4}$

구

2,250년 전 그리스의 수학자 아르키메데스는 어떤 구가 원기둥에 꼭 맞으면 구의 부피는 원기둥 부피의 $\dfrac{2}{3}$를 차지한다는 사실을 최초로 증명한 사람이다. 그러나 그의 위대한 발견은 그림과 같이 묘비에 새겨진 그림으로만 남아 있다.

실생활에서도 이 그림과 같은 상황을 재현해 볼 수 있다. 콩이 꽉 찬 통조림 깡통에 꼭 맞는 크기의 테니스공을 밀어넣어 보자. 그러면 깡통 속에 있던 콩의 $\frac{2}{3}$가 밖으로 흘러나갈 것이다. 아르키메데스의 발견은 구의 부피를 구하는 공식으로 이어진다.

아르키메데스 편히 잠드소서

구의 반지름 역시 r로 표시한다.

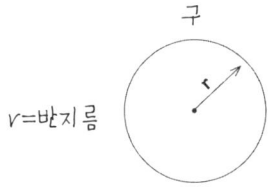

구

r=반지름

구와 원기둥의 상관관계를 이용해서 구의 부피를 구해 보자. 먼저 어떤 구가 꼭 맞게 들어가는 원기둥 중에 가장 작은 원기둥의 부피를 구하는 것부터 시작해 보자. 원기둥의 부피를 구하는 공식은 $\pi r^2 h$인데 그림처럼 원기둥의 높이와 구의 높이가 동일한 경우 h=2r이 된다. 그러므로 원기둥의 부피는 $\pi r^2 \times 2r = 2\pi r^3$과 같다.

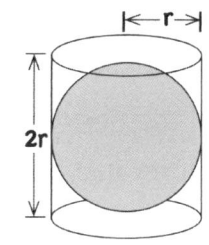

아르키메데스의 원리대로라면 구는 원기둥 부피의 $\frac{2}{3}$이므로 구의 부피는 $\frac{2}{3} \times 2\pi r^3$이 되고 이를 정리하면,

구의 부피 = $\frac{4}{3}\pi r^3$

또한 구를 절반으로 잘랐을 때 나오는 단면적은 πr^2인데, 구의 표면적은 이 단면적의 4배다.

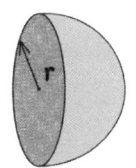

구의 단면적=$4\pi r^2$

구의 부피를 구하는 공식이 수학 문제를 풀 때는 상당히 유용하지만 실생활에서는 그렇지가 않다. 공식대로라면 구의 반지름을 알아야 하는데, 반지름을 재려고 모든 구를 반으로 잘라볼 수는 없는 노릇이기 때문이다. 그래서 구의 둘레만으로 부피를 구하는 또 다른 공식이 나왔다.

$$\text{구의 부피} = \frac{C^3}{60}$$

당신이 로켓 과학자라면 이보다 정확한 수치를 넣은 다음 공식을 사용해야 한다.

$$\text{구의 부피} = \frac{C^3}{59.2176264}$$

물론 당신이 진짜 로켓 과학자라면 이 책에 있는 내용은 이미 다 알고 있어야 한다.

피타고라스의 정리

아르키메데스가 있기 300년 전에 피타고라스라는 수학자가 남긴 유명한 정의가 바로 피타고라스의 정리이며 그 내용은 다음과 같다. 직각삼각형에서 빗변의 제곱은 나머지 두 변의 제곱을 더한 값과 같다.

말로 설명하면 더 어렵게 느껴질 수 있으니 그림을 보면서 설명하겠다. 그림과 같이 직각삼각형의 각 변에 맞닿은 정사각형을 그려서 각

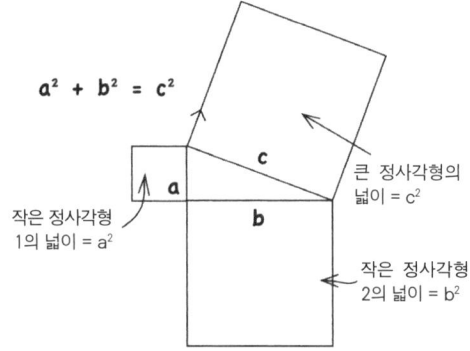

각의 면적을 구해보자. 그러면 작은 정사각형 두 개의 넓이를 합친 것과 큰 정사각형의 넓이가 같음을 확인할 수 있다.

직각삼각형에 붙은 이런 정사각형이 대체 어디에 필요하겠냐고 생각하는 분들이 있겠지만 피타고라스의 정리가 빛을 발하는 순간은 따로 있다. 가령 100m×70m 크기의 운동장을 대각선으로 가로질러 가면 얼마나 걸어야 할지를 알고 싶다면 어떻게 계산하겠는가?

복잡한 계산일수록 정답이 어느 범위 안에 있는 숫자인지를 알아야 합니다. 아래 그림만 봐도 대각선의 길이는 100m와 170m 사이에 있음을 알 수 있습니다.

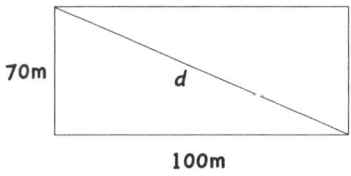

최단 거리인 대각선의 길이를 d라 하면,

피타고라스의 정리에 따라 $d^2 = 100^2 + 70^2$
제곱을 계산하면 $d^2 = 10,000 + 4,900 = 14,900$

d는 14,900의 제곱근이다. 달리 말하면 어떤 숫자를 두 번 곱해야 14,900이 나오는가를 찾으면 최단거리 d를 알 수 있다.

계산기가 있으면 제곱근을 쉽게 확인할 수 있지만 그렇지 않다면 근사치를 먼저 구한다. 120을 제곱하면 120×120=14,400이므로 d는 120보다 클 것이다. 조금 더 큰 숫자를 제곱하면 123×123=15,129이므로 123보다는 작을 것이다.

이번에는 120과 123의 사이에 있는 숫자인 122를 제곱해보자. 122×122=14,884이므로 가장 근사한 값이 나온다. d는 122와 123사이의 숫자일거라 짐작한 상태로 계산기를 이용해 보자.

 계산기에 <14,900√ >라고 입력하면 122.065라는 답이 나온다.

운동장을 가로지르는 거리는 약 122m이다.

피타고라스의 정리는 2,500년 전에 증명된 내용이며, 이 외에도 복합 대수 및 삼각법과 작도법에 관련해서 300개가 넘는 증명과 정의가 있다. 이 중에는 지금처럼 그림이 있어야 이해가 되는 내용들도 많다.

$a^2 + b^2 = c^2$의 증명

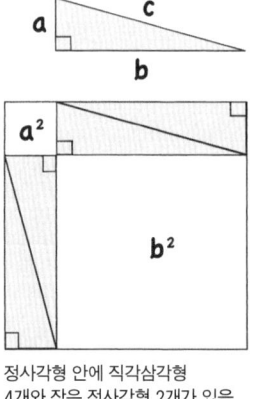

정사각형 안에 직각삼각형
4개와 작은 정사각형 2개가 있음

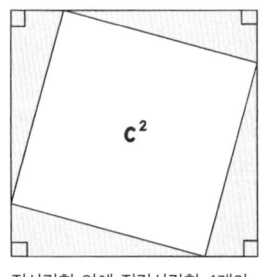

정사각형 안에 직각삼각형 4개와
큰정사각형 1개가 있음

위 그림의 정사각형은 모두 한 변의 길이가 (a+b)이며 넓이도 같다. 회색으로 칠한 직각삼각형 부분을 제외하면 왼쪽에 있는 두 정사각형의 넓이와 오른쪽에 있는 큰 정사각형의 넓이는 같아야 한다. 이를 정리하면 $a^2+b^2=c^2$이다!

확률

어떤 일이 일어날 확률은 분수나 백분율로 표시한다. 어떤 경우에도 확실히 일어나는 일의 확률(예를 들어 1년에 하루는 지구 어딘가에 비가 올 확률)은 1 또는 100%라 하고, 절대로 일어날 리가 없는 일의 확률(이를 테면 당신의 어깨 위에 날개가 돋아날 확률)은 0 또는 0%라 한다. 또한 동전을 던졌을 때 앞면이 나올 확률과 앞면이 나오지 않을 확률처럼 어떤 일이 일어날 확률과 일어나지 않을 확률이 동일한 경우엔 확률 $\frac{1}{2}$ 또는 50%라 한다.

정말 일어날 것 같지 않은 일일수록 낮은 확률을 보인다. 복권에 당첨되는 사람의 숫자는 1천 4백만 명 중에 한 명이라고들 하는데, 아주 정확히 말하면 13,983,816명 중에 한 명이다. 이를 분수로 표현하면 $\frac{1}{13,983,816}$ 이고, 백분율로 나타내면 불과 0.00000715%에 지나지 않는다.

주사위의 확률

흔히 보는 육면체 주사위 하나를 던졌을 때 어떤 숫자가 나올 확률은 $\frac{1}{6}$ 또는 16.7%이다. 하지만 주사위를 두 개 던질 때 생기는 경우의 수는 무려 36개로 늘어난다.

주사위 두 개를 던져서 나온 숫자의 합이 12가 될 확률은 얼마일까? 12가 되는 경우는 6과 6이 나오는 경우 밖에 없으므로 확률은 $\frac{1}{36}$=약 2.8%이다.

두 주사위의 합이 3이 될 확률은 얼마일까? (2,1)이나 (1,2)로 나와야 하므로 경우의 수는 2이며, 확률로 치면 $\frac{2}{36}=\frac{1}{18}$=약 5.6%이다.

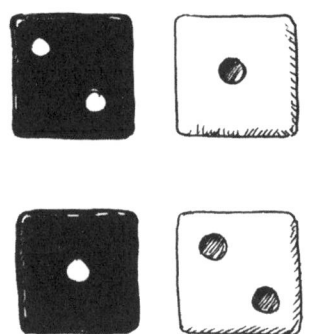

주사위 두 개를 던졌을 때 나올 확률이 가장 높은 조합은 7이다. 주사위의 합이 7이 되는 경우의 수는 6이며, 확률로는 $\frac{6}{36}=\frac{1}{6}$=16.7%가 된다.

생일의 확률

한 공간에 30명만 모여도 그중에 생일이 같은 사람(태어난 해는 달라도 태어난 달과 날짜가 같은 사람)이 있을 확률이 무려 70%라는 사실을 알고 있는가? 너무 신기해서 믿기지 않겠지만 이제부터 그 확률을 계산해 보면 믿을 수밖에 없을 것이다.

이 확률을 알아보려면 생일이 같은 사람이 아무도 없는 경우의 확률부터 계산해야 한다.(아까도 말했듯이 태어난 해는 고려하지 않는다.) 여기 프레드와 자넷의 생일이 같지 않을 확률부터 계산해 보자. 먼저 두 사람의 생일은 1년 365일 중에 하루일 것이고 윤년에는 해당하지 않는다는 전제가 필요하다. 윤년을 빼고 생각하더라도 확률이 크게 달라지지는 않을 뿐더러 윤년까지 고려하자면 계산이 너무 복잡해지기 때문이다.

  자넷과 프레드의 생일이 같은 확률은 $\frac{1}{365}$이므로 생일이 같지 않을 확률은 $\frac{364}{365}$이다.

  이번에는 바니의 생일이 두 사람과 같지 않을 확률을 구해보자. 프레드와 자넷의 생일이 1년 중 2일이므로 바니의 생일이 나머지 363일 중에 하루일 확률은 $\frac{363}{365}$이다. 그러면 프레드와 자넷의 생일이 다르면서 바니의 생일도 다를 확률은,

$$\frac{364}{365} \times \frac{363}{365} = 99.18\%$$

  바니의 뒤를 이어 아그네스의 생일도 다를 확률은 $\frac{362}{365}$이다. 이렇게 네 명의 생일이 서로 다를 확률은,

$$\frac{364}{365} \times \frac{363}{365} \times \frac{362}{365} = 98.37\%$$

  이런 식으로 사람이 늘어날 때마다 그 사람의 생일이 다를 확률을 곱하면 모든 사람의 생일이 다를 확률을 알 수 있다. 다음은 23명이 모였을 때 서로 생일이 다를 확률이다.

$$\frac{364}{365} \times \frac{363}{365} \times \frac{362}{365} \times \cdots$$

$$\frac{345}{365} \times \frac{344}{365} \times \frac{343}{365} = 49.27\%$$

  위의 계산대로라면 23명 중에 아무도 생일이 같지 않을 확률은 불과 50%도

이건 내 생일 케이크라고!

되지 않는다. 바꿔 말하면 23명 중에 생일이 같은 사람이 있을 확률은 50%가 조금 넘는다는 뜻이다!

30명이 모이면 확률은 어떻게 바뀔까? 이쯤 되면 아무도 생일이 같지 않을 확률은 30%로 떨어져서 30명 중에 생일이 같은 사람이 있을 확률은 70%에 이른다. 믿기 힘들다면 30명이 모이는 자리에서 한 번 확인해 보라. 실제로 확인해보면 더 놀랍다.

카드의 확률과 포커 패

카드놀이를 하다 보면 다음 순서에 어떤 카드가 나올지 항상 궁금하기 마련이다. 포커 카드는 전부 52장이라서 다양한 조합이 나올 수 있는데, 여기서는 간단한 몇 가지 조합과 그런 조합이 나올 수 있는 확률에 대해 살펴보자.

똑같은 카드 두 장이 연달아 나올 확률은?

쌓여 있는 카드 중에 한 장을 골랐더니 클로버4가 나왔다고 치자. 이것은 나머지 카드 51장 중에는 숫자 4가 적힌 카드가 세 장(하트4, 스페이드4, 다이아몬드4)

남았다는 뜻이다. 그러므로 다음 카드를 골랐을 때 숫자 4가 적힌 카드가 나올 확률은 $\frac{3}{51}$이다. 이 분수는 3으로 약분할 수 있으므로 위아래를 3으로 나누면 $\frac{1}{17}$이 된다.

확률이 $\frac{1}{17}$이라는 것은 카드 52장을 섞어서 두 장 고르기를 하면 평균 열일곱 번에 한 번은 똑같은 카드 두 장을 연속으로 뽑을 수 있다는 뜻이다.

같은 그림의 카드가 다섯 장 나올 확률은?

같은 그림의 카드가 다섯 장이 나오는 상황을 가리켜 플러시라고 하는데, 포커 게임에서는 아주 좋은 패에 속한다. 그렇다면 플러시가 나올 확률은 얼마일까?

카드 다섯 장을 혼자 고르건 여럿이 앉은 자리에서 손에 든 카드를 한 번에 한 장씩만 내건 간에 확률은 바뀌지 않으므로 앞에서처럼 카드 다섯 장을 연달아 고르는 상황으로 가정하고 확률을 구해 보자.

맨 처음 뽑은 카드는 어떤 카드여도 상관없으므로 첫 카드가 같은 그림일 확률은 1(또는 100%)이다. 이 카드가 다이아몬드7이라고 가정하면, 나머지 카드 51장에는 같은 그림의 카드가 12장 있다. 그러므로 두 번째 카드가 첫 번째 카드와 같은 그림의 카드일 확률은 $\frac{12}{51}$가 된다.

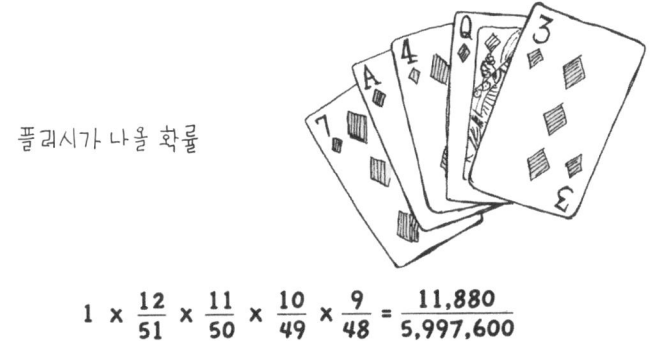

플러시가 나올 확률

$$1 \times \frac{12}{51} \times \frac{11}{50} \times \frac{10}{49} \times \frac{9}{48} = \frac{11{,}880}{5{,}997{,}600}$$

이제는 같은 그림의 카드가 11장 남았으므로 세 번째 카드가 같은 그림일 확률은 $\frac{11}{50}$이 되고, 네 번째 카드의 확률은 $\frac{10}{49}$, 다섯 번째 카드의 확률은 $\frac{9}{48}$로 줄어든다. 다섯 장 모두 같은 그림의 카드일 확률을 구하려면 각각의 확률을 모두 곱해야 한다.

분수를 이대로 두면 어느 정도의 확률인지 짐작하기가 어려우니 분자를 12,000으로 반올림하고 분모를 6,000,000으로 반올림해보자. 그러면 위의 확률은 다음과 같이 바뀐다.

$$\frac{12,000}{6,000,000} = \frac{1}{500}$$

플러시가 나올 확률은 500분의 1이며 백분율로 환산하면 0.2%이다.

포커 패의 확률

좋은 패일수록 나올 확률은 적다. 다음은 포커 게임에서 가장 좋은 패의 순서대로 그 확률을 적은 것이다.

❶ 650,000분의 1 : 로열 플러시(같은 그림의 카드 중에 A, K, Q, J, 10이 모였을 때)
❷ 72,000분의 1 : 스트레이트 플러시(같은 그림의 카드 중에 연이은 숫자의 카드가 다섯 장 모였을 때. 예: 하트 7, 8, 9, 10, J)
❸ 4,000분의 1 : 숫자가 같은 카드가 넉 장일 때
❹ 700분의 1 : 풀 하우스(카드 세 장끼리 숫자가 같고 나머지 두 장끼리 숫자가 같을 때)
❺ 500분의 1 : 플러시(그림이 같은 카드가 다섯 장 모였을 때)
❻ 256분의 1 : 스트레이트(그림과 상관없이 카드 다섯 장이 연이은 숫자일 때. 예: 서로 다른 그림의 카드 2, 3, 4, 5, 6)
❼ 2% : 트리플(예: 에이스 세 장)
❽ 5% : 투 페어(예: 숫자 8 두 장과 숫자 3 두 장)
❾ 42% : 원 페어(예: 퀸 카드 두 장)

텐 카드의 속임수

확률만 봐도 투 페어보다는 트리플이 좋고 이 둘보다는 풀 하우스가 좋은 패라는 것을 알았을 것이다. 이번에 소개할 것은 더블린에 사는 롭 이스터웨이(Rob Eastaway)라는 수학자에게서 들은 내용인데, 이 트릭을 쓴 뒤의 상황에 대해서는 절대 책임질 수 없다는 점을 미리 밝히는 바이다.

먼저 포커 카드 10장을 준비해서 그림과 같이 숫자가 같은 카드끼리 3장, 3장, 3장, 1장으로 나눈다.

게임에 참가한 사람들은 카드를 다섯 장씩 나눠 갖게 되는데, 다음과 같은 방식으로 카드를 돌리면 게임에서 이길 사람과 질 사람을 마음대로 결정할 수 있다!

카드를 돌리는 방법은 아주 간단하다. 위에서 나눠 놓은 카드 중에 1장짜리 카드를 가져가는 사람이 게임에서 질 사람이다! 카드를 능숙하게 섞을 수 있다면 1장짜리 카드가 맨 아래나 맨 위에 오도록 해서 카드를 나눠줄 때 원하는 사람에게 주면 된다. 하지만 이렇게 섞을 자신이 없으면 카드의 모서리를 살짝 접는 식으로 표시를 해두었다가 카드를 돌리면 된다. 이렇게 하면 카드가 돌고 도는 동안에도 누가 지고 이길지를 예상할 수 있다.

실제로 속임수를 쓸 때는 처음 몇 번은 일부러 져 주는 요령이 필요하다. 연거푸 몇 번을 이긴 상대방이 신이 났을 때쯤 판돈을 올리면 그동안의 패배를 한 번에 만회할 수 있다.

그 밖의 확률

사람들은 때로 이상한 확률에 집착하고 심지어 목숨을 걸기도 한다. 몇몇 사례들을 적어 보았으니 그냥 재미삼아 읽어 보기 바란다.

- **?** 네잎클로버를 찾을 확률은 10,000분의 1 또는 0.01%.
- **?** 쌍둥이를 낳는 확률이 점점 커지는 추세에 있다. 쌍둥이나 세쌍둥이 이상의 아이를 임신할 확률은 3%.
- **?** 두 눈을 가린 채 돌아가는 회전판 위에 서서 다트를 던졌을 때 과녁에 다트가 꽂힐 확률은 2%. 그중에서도 과녁의 중심을 맞힐 확률은 100,000분의 1. 정말 그런지 실험하다가는 다칠 확률이 더 큼.
- **?** 골프를 치다가 홀인원을 할 확률은 5,000분의 1.
- **?** 벼락에 맞을 확률은 3,000,000분의 1. 외계인을 만날 확률도 이와 같다고 함.
- **?** 다음 세기에 소행성이 지구와 충돌할 확률은 5,000분의 1. 하지만 소행성이 떨어져서 온 세상이 먼지로 뒤덮일 때 우리 집에 빨래가 걸려 있을 확률은 100%.

? 객관식 시험 문제를 찍어서 100점을 맞을 확률은? 시험 문제 30개가 모두 사지선다형일 경우 모든 문제를 찍어서 100점을 맞을 확률은 4^{30}분의 1이고, 이를 계산하면 1,152,921,504,606,846,976분의 1. 100점은 바라지 않고 시험을 통과할 정도의 점수나 50점만 맞을 확률을 물으신다면 이를 계산하는 것은 더 어렵지만 어쨌든 확률을 계산하면 대략 364분의 1. 다행히도 모든 문제를 찍었는데 다 틀릴 확률인 5,600분의 1보다는 높은 확률임.

확률에 대한 착각

이 세상에는 사람들을 달콤한 말로 속여서 돈을 뜯어내는 파렴치한 인간들이 많다. 사기꾼들은 사람들이 확률에 대해 제대로 알지 못한다는 점을 이용해서 몹시 부당한 거래조차도 성공이 보장된 그럴 듯한 거래인 것처럼 포장한다. 이런 사기꾼들이 쓰는 속임수를 들여다보면 처음에는 내가 훨씬 이익이 되는 거래처럼 느껴지지만 결국에는 몽땅 털릴 수밖에 없는 계산이 숨어 있다.

검은 카드와 흰 카드의 속임수

위에서 말한 사기꾼과 말콤 씨가 책상 앞에서 마주보고 앉아 있다. 사기꾼이 말콤 씨에게 내민 것은 세 장의 카드. 하나는 양면이 검은색이고 다른 하나는 양면이 흰색이며 나머지 하나는 앞면이 흰색이고 뒷면이 검은색이다.

사기꾼은 말콤 씨에게 카드를 건네주며 자신이 볼 수 없도록 책상 아래에서 카드를 섞으라고 한 다음 그중에 한 장을 책상 위에 올려놓으라고 한다. 그리고 나머지 두 장은 두 사람이 모두 볼 수 없도록 계속 책상 아래쪽에 갖고 있으라고 한다. 지금 책상 위에 올라온 카드가 검은색이라고 치자.

카드를 본 사기꾼은 '이 카드는 양면이 흰색인 카드는 아니겠네요.'라고 말할 것이다. '그러면 카드 뒷면 색깔은 흰색이나 검은색 둘 중에 하나이겠군요.' 이

165

말은 사실이므로 말콤 씨도 수긍하며 고개를 끄덕일 것이다.

사기꾼이 말하길 '뒷면이 검정 아니면 흰색이니까 확률은 반반이겠는데요.'라고 하자 말콤 씨는 다시 한 번 고개를 끄덕인다. 다시 사기꾼이 말하길 '뒷면이 검은색이라는 데 1달러를 걸죠.'

왠지 모르게 찜찜한 마음이 든 말콤 씨는 사기꾼의 내기를 받아주지 않는다. 하지만 사기꾼은 여기서 포기하지 않고 말을 이어간다.

'에이 참, 제 말을 끝까지 들어보셔야죠. 뒷면이 검은색이면 저한테 1달러를 주기로 하되 뒷면이 흰색이면 제가 1.5달러를 드릴게요. 어떠세요?'

이 말에 말콤 씨는 넘어가고 만다. 절반의 확률인데 자신이 받을 돈이 더 많다는 말에 솔깃해진 말콤 씨는 이제 사기꾼에게 돈을 뜯길 일만 남았다. 사기꾼이 이길 확률이 실제로는 절반이 아니라 3분의 2이기 때문이다. 쉬운 말로 하면 이 게임을 세 번 하면 말콤씨는 한 번 이기고(얻는 돈은 1.5달러), 사기꾼은 두 번 이긴다(얻는 돈은 2달러)는 뜻이다.

카드 내기에 감춰진 속임수의 비밀은 다음과 같다. 사기꾼은 책상 위에 올려놓은 카드의 색깔과 무조건 같은 색깔에 돈을 건다. 왜냐하면 양면의 색깔이 같은 카드는 두 장이고 양면의 색깔이 다른 카드는 한 장밖에 없기 때문이다. 애초에 사기꾼이 이길 확률은 3분의 2이고 말콤 씨가 이길 확률은 3분의 1밖에 되지 않았다.

말콤 씨가 한번만 더 깊이 생각했더라면 이런 속임수에 당하지 않았을 것이다. 확률을 이용한 속임수는 다음 이야기에서도 계속된다.

동전 두 개의 속임수

이번에는 비교적 단순한 속임수이지만 이런 경우를 당해 보지 않은 사람들은 역시나 당하고 마는 수법이다! 이번에는 말콤 씨의 여자 친구인 산드라도

옆에 있지만, 오히려 여자 친구 덕분에 말콤 씨가 더 쉽게 속을 수도 있다. 산드라가 사기꾼이 하라는 대로 잘 따라하고 말콤 씨에게 도움이 될 만한 힌트도 주지 못한다면 말이다.

이번에는 말콤 씨가 내기에서 이길 수 있을까? 안타깝게도 아니다. 이번에도 말콤 씨가 이길 수 있는 확률은 3분의 1밖에 되지 않는다. 동전 두 개를 던질 때 생기는 경우의 수는 둘 다 앞면이거나 둘 다 뒷면이거나 앞면과 뒷면이 하나씩 나오는 세 가지 뿐이라고 생각하기 쉽다. 하지만 동전 두 개의 모양이 서로 다르다고 생각하면 경우의 수는 그림과 같이 네 개가 된다.

사기꾼은 산드라에게 동전이 둘 다 뒷면이면 다시 흔들어달라고 했기 때문에 둘 다 뒷면일 확률은 0이 되었다. 고려해야 할 경우의 수가 하나 줄어들었으므로 그만큼 사기꾼에게 유리한 상황이 된 것이다. 다음으로 산드라가 앞면이 나온 동전 하나를 보여주면 나머지 동전이 뒷면일 경우의 수는 총 3가지 중에 2가지이므로 사기꾼이 이길 확률도 3분의 2가 된다! 결국 세 번 중에 두 번은 사기꾼이 이길 확률이다.

마권 영업자의 승률

당신 앞에 12개의 공이 든 주머니가 있고 이 중 하나는 검은색이다. 공을 보지 않고 주머니에서 공을 하나 꺼냈을 때 검은 공이 나오면 이기는 게임을 한다면 당신이 이길 확률은 얼마일까? 검은 공은 12개 중에 1개이므로 당신이 이길 확률은 $\frac{1}{12}$이다.

반대로 검은 공을 잡지 않을 경우의 수는 11이다. 이 경우 실패 확률 대비 성공 확률은 11대 1이 되며, 마권 영업자들은 이를 11/1이라고 쓴다. 이들이 어떻

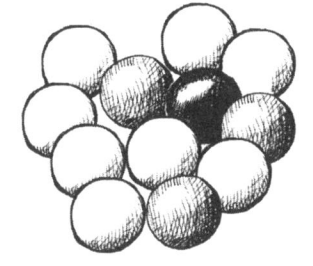

색깔별 확률
검은색: $\frac{1}{12}$
흰색: $\frac{8}{12}$

마권 영업자의 승률
11 / 1
1 / 2
↑　　↑
왼쪽은　오른쪽은
실패할　성공할
경우의 수　경우의 수

게 확률을 계산하고 이익을 챙기는지 알아보자.

지극히 양심적인 마권 영업자라면 주머니에서 검은 공을 꺼내는 내기를 제안할 때 당신에게 11/1의 승률을 제시할 것이다. 이런 승률로 내기를 하면 한 번 질 때마다 1달러를 날리지만 한 번 이기면 걸었던 돈 1달러와 함께 11달러를 받을 수 있다.

검은 공을 고르기 위해 공이 든 주머니 속에 손을 넣고 고심 끝에 공 하나를 골랐다고 해도 당신이 이길 확률은 1이고, 당신이 질 확률은 11이다. 하지만 공을 하나씩 꺼낼 때마다 마권 영업자가 제시하는 승률이 11/1로 유지되기만 한다면 손해 볼 것은 없다. 11번을 연달아 실패해서 11×1달러=11달러를 냈더라도 마지막에는 검은 공만 남을 것이므로 이때 성공해서 1×11달러=11달러라는 상금을 받을 수 있다. 양측이 모두 11달러를 냈으므로 아주 공정한 내기라 할 수 있다.

만약 검은 공을 꺼낼 확률이 너무 낮아서 흰 공을 꺼낼 때 이기는 내기로 바꾸고 싶다면 승률은 어떻게 바뀔까? 주머니 속의 흰 공은 모두 8개이므로 성공할 확률은 $\frac{8}{12}$이다. 실패 확률 대 성공 확률이 4대 8이므로 공평한 승률은 $\frac{4}{8}$ 또는 $\frac{1}{2}$이 된다. 하지만 이 승률에 따라 1달러를 걸고 흰 공을 꺼냈을 때 받는 금액은 $\frac{1}{2}$×1달러=50센트밖에 되지 않는다.

마권 영업자의 승률을 확률로 환산하면?

마권 영업자가 회색 공을 꺼내는 내기에 대해 3/1의 승률을 제시했다면 이것은 공정한 내기일까? 마권 영업자의 제안이 정당한지를 확인하고 싶다면 승률을 확률로 바꿔 봐야 한다.

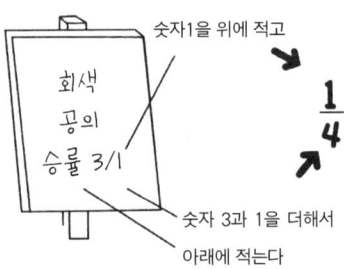

마권 영업자가 제시한 승률을 그림과 같이 바꾸면 $\frac{1}{4}$이다. 공 12개 중에 회색 공이 3개이므로 회색 공을 잡을 확률은 $\frac{3}{12}$, 약분하면 $\frac{1}{4}$이므로 앞에서 나온 값과 일치한다.

주머니에 들어 있는 공이 몇 개인지 모르더라도 내기의 승률이 정당한지를 확인하는 방법이 있다. 공의 색깔별로 정해진 승률을 확률로 바꿔서 각각의 확률을 모두 더해 보면 된다.

검은 공의 승률 = 11/1, 확률 = $\frac{1}{12}$

흰 공의 승률 = 1/2, 확률 = $\frac{2}{3}$

회색 공의 승률 = 3/1, 확률 = $\frac{1}{4}$

한 치의 속임수도 없는 공정한 내기라면 모든 확률을 더했을 때 1이 나와야 한다. 확률을 더할 때는 분수 형태 그대로 더해도 되고 소수로 전환해서 계산해도 된다. 어떻게 계산해도 결과는 똑같다. 위의 확률을 더하면 정확히 1이 나오므로 이번 마권 영업자는 아주 공정한 내기를 제시했음이 확인됐다. 하지만 현실에서는 이렇게 공정한 내기를 하는 마권 영업자는 존재하지 않는다.

스포츠 복권 (죽은 엘비스가 햄버거 가게로 걸어들어 올 확률)

스포츠 복권을 살 때는 주머니에서 공을 꺼낼 때처럼 쉽게 확률을 계산해 볼 수가 없다. 하지만 분명한 것은 복권을 발행한 사람은 절대로 자기가 손해 보는 승률은 제시하지 않는다는 사실이다. 실제로 이들은 순금 목걸이와 팔찌를 주렁주렁 걸고 클래식한 스포츠카를 타고 다니며 경치 좋은 포르투갈의 대저택에서 산다.

'정직한 씨드 복권'의 예를 통해 복권 발행인이 얼마나 큰 이득을 챙길 수 있는지 확인해 보자.

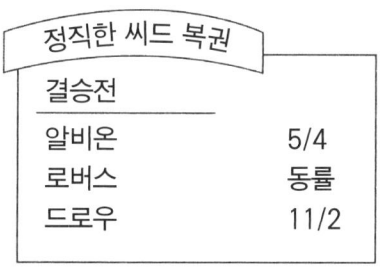

각각의 승률을 확률로 바꿔 보자. 5/4는 $\frac{4}{9}$ 또는 0.444이고, 동률은 승률 1/1을 말하므로 확률로는 $\frac{1}{2}$ 또는 0.5, 11/2는 $\frac{2}{13}$ 또는 0.154이다. 분수를 소수로 전환한 확률을 모두 더하면 1보다 큰 1.098이 나온다.

확률이 1.098이면 복권발행인이 상금 100달러를 내줄 때마다 들어오는 돈은 100달러×1.098=109.80달러가 된다. 즉, 100달러를 내주었어도 100달러에 9.80달러를 더 가져가는 셈이다.

복권 중에는 희한하고 엉뚱한 복권도 있다. 예를 들어 엘비스 프레슬리가 죽지 않고 살아서 햄버거 가게를 하고 있다는 데 승률을 거는 복권이 있다. 하지만 이러한 복권을 사느니 당첨 확률 $\frac{1}{13,983,816}$ 을 자랑하는 복권을 사는 게 당첨 확률이 더 높다. 이런 복권도 있다는 사실을 엘비스가 들으면 아마도 이렇게 말하지 않을까? '그건 (1천 4백만분의 1의) 돈 때문이지….'(well, it's a-one(in about fourteen million) for the money...-엘비스 프레슬리의 〈blue suede shoes〉의 노래가사를 패러디한 것임-역주)

그 밖에 알아두면 좋은 수학 상식

여기까지 함께 해주신 여러분에게 축하와 감사의 인사를 드리는 바이다. 여기까지 왔으니 조금만 더 나아가 보면 어떨까? 다음에 소개할 내용은 실생활에서는 쓸 일이 별로 없을지 몰라도 친구들에게 자신 있게 말할 거리로는 충분하다. 학창 시절에는 포기하고 넘어갔던 수학의 기본 원리를 다시 익히면 수학이 새롭게 보일 것이다.

각도, 삼각형, 삼각법

한 점에서 만나는 두 개의 직선 사이에 만들어지는 각을 측정한 것이 각도이며 '°'기호로 표시한다. 그림처럼 엄지손가락에 긴 끈을 걸고 끈의 양쪽 끝을 잡아서 얼굴 앞으로 가져온 뒤에 팔을 오른쪽으로 쭉 뻗은 상태를 만들어 보라.

1°는 이 정도 크기

엄지손가락으로 인해 만들어지는 끈과 끈 사이의 각도가 대략 1°이다.

정사각형 모서리의 각도는 90°이며, 이를 직각이라 부른다. 제자리에서 한 바퀴를 돌면 이때 움직인 각도가 360°이다. 직선의 각도는 180°이며, 삼각형의 내각의 합도 180°이다. 이를 확인하고 싶다면 아래 그림처럼 삼각형의 세 모서리를 잘라서 직선상의 한 점에 모아 보면 된다.

사각형의 내각은 360°이다. 사각형 역시 네 모서리를 잘라서 한 점에 모아 보면 정확하게 360°가 맞아 떨어짐을 확인할 수 있다.

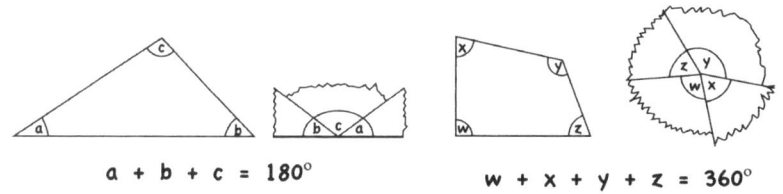

혹시 집에 있는 계산기에 'sin, cos, tan'라고 적혀 있지만 한 번도 눌러본 적 없는 버튼이 있지는 않은가? 이만한 기능이 있는 계산기를 사고도 기능을 몰라서 못 쓴다는 건 안 될 말이다. 여기서 잠깐 sin, cos, tan에 대해 알아보자.

직각삼각형에서 한 변 또는 두 변의 길이와 직각을 제외한 나머지 각도를 알면 이 삼각법을 쓸 수 있다. 여기서 직각삼각형에 한정하는 이유는 다른 삼각형과는 달리 직각을 제외한 모서리 하나의 각도와 한 변의 길이만 알면 나머지 변과 각도를 모두 알아낼 수 있기 때문이다.

예를 들어 삼각형의 대변과 마주한 각을 기준으로 대변을 빗변으로 나눈 값을 가리켜 sin이라 한다. sin값의 기준이 되는 것은 대변을 마주한 모서리의 각도인데, 직각을 제외한 두 모서리 중에 하나의 각도만 알면 남은 모서리의 각도 역시 쉽게 알 수 있다.(sin은 사인이라 읽으며 '서명'나 '간판'을 지칭하는 말과는 아무 관련이 없다.)

당신이 제일 아끼는 신발이 어디로 사라졌나 했더니 그림처럼 지붕 아래 홈통에 걸려 있다.(어쩌다 이런 일이 생겼는지는 모르겠지만 어쨌든 신발은 지금 홈통에 끼어 있다.) 지붕의 높이는 모르지만 8미터 길이의 사다리를 놓았더니 홈통까지 겨우 닿았다.

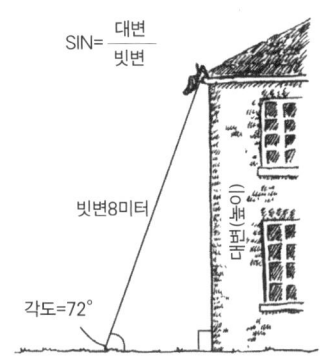

지면과 사다리와 벽이 직각삼각형을 이루고 있으므로 지면과 사다리가 이루는 각을 알면 지붕의 높이를 구할 수 있다. 높이를 알면 지붕에 올라갈 사다리차를 부를 때도 편할 것이다.

지붕에 기댄 사다리는 직각삼각형의 빗변에 해당하며 이 길이는 8미터이다. 지붕의 높이는 이 각이 마주보는 대변에 해당하며, 사다리와 지면이 이루는 각은 72°이다. 이들의 관계를 방정식으로 쓰면 다음과 같다.

$$\sin 72° = \frac{대변}{8}$$

양변에 8을 곱하면,

$$\sin 72° \times 8 = 대변$$

 $\sin 72°$는 sin 버튼이 있는 계산기로 구한다. 계산기에 〈sin72=〉을 입력하면 0.951이 나온다.(〈72sin=〉이라고 입력해야 나오는 계산기도 있음—역주)

이를 계산하면 7.608라는 대변(지붕의 높이)의 길이가 나온다!

cos과 tan 역시 직각삼각형의 빗변과 대변, 밑변 간의 비율에 따라 결정되며 각각의 값은 그림과 같다. 이 정도면 기본적인 삼각법은 모두 익힌 셈이다.

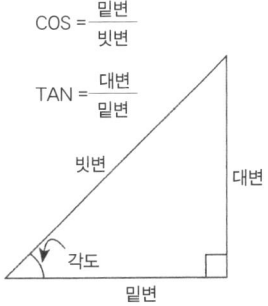

로그란?

학창시절에 수학이 제일 어려웠다고 말하는 사람들은 대부분 로그에 대한 이야기를 빼놓지 않는다. 수학 교과서에 로그가 등장한 후부터 수학 선생님이 복잡한 로그 문제로 자신을 괴롭히는 악몽을 꾼 적이 있다는 사람들이 얼마나 많은지만 봐도 여러분 또한 겪었을 어려움을 가히 짐작할 수 있다. 그러나 이번에는 스트레스를 받을 필요가 없다. 과거에 여러분에게 스트레스를 주었던 원인이 모두 사라졌기 때문이다. 여기에는 호통을 칠 선생님도 시험도 숙제도 없으니 이 책을 읽고 나서 악몽을 꾸지도 않을 것이다.

로그를 발명한 사람은 스코틀랜드 출신의 존 네이피어(John Napier)라는 수학자이다. 네이피어가 로그를 발명한 1614년부터 계산기가 발명되기 전인 약 350년 동안 로그는 천문학적인 숫자를 곱하고 나누는 복잡한 계산을 간단하게 만들어 주는 유일한 계산법이었다. 어려운 계산을 쉽게 해주는 로그의 기본 원리는 무엇일까?

간단한 예를 통해 로그의 원리를 알아보자.

1,000 × 100 = 100,000

위 수식을 거듭제곱 형태로 바꿔 쓰면 $10^3 \times 10^2 = 10^5$가 된다. 이 수식을 잘 보면 위의 수식에서 곱셈으로 얻은 100,000과 지수끼리 더해서(3+2=5) 나온 10^5이 같은 숫자임을 알 수 있다. 네이피어는 모든 숫자를 10의 거듭제곱으로 바꿔 적고 지수끼리 더하거나 빼면 큰 숫자를 직접 곱하거나 나누지 않고도 10의 거듭제곱 형태의 답을 얻을 수 있는 계산법을 만든 것이다.

다만, 모든 숫자를 10의 거듭제곱 형태로 바꿨을 때 지수가 소수로 나오는 경우가 더 많다는 점이 다소 번거로울 수 있다. 가령 78을 10의 거듭제곱으로 바꿔 쓰면 $10^{1.89209}$이라는 복잡한 숫자가 된다. 하지만 이를 로그로 표현하는 것은 그리 복잡하지 않다. $78=10^{1.89209}$을 달리 말하면 '로그78은 1.89209'가 된다.

정수를 로그로 바꾸는 과정은 복잡하지만 우리에겐 네이피어의 친구였던 헨리 브릭스(Henry Briggs)가 계산한 로그표가 있다. 어떤 로그표에는 로그값이 소수점 셋째자리까지만 계산되어 있지만 헨리 브릭스의 로그표에는 78의 로그값이 $10^{1.8920946026904 8}$까지 계산되어 있다. 물론 정확한 로그를 쓸수록 오차가 적은 답을 얻을 수 있는 장점이 있다. (뉴턴이 행성과 항성의 움직임을 연구할 때 썼다는 로그는 무려 소수점 50번째 자리까지 계산된 숫자였는데, 이정도면 거의 강박증 수준이다.)

제곱근을 구하는 비법

로그값을 2와 3으로 나누면 제곱근과 세제곱근을 쉽게 구할 수 있다.
591의 세제곱근을 구할 경우 먼저 로그표에서 591의 값을 찾는다. $591=10^{2.771587}$. 다음으로 10의 지수를 3으로 나눈다. $2.771587 \div 3 = 0.923862$. 마지막으로 $10^{0.923862}$을 계산하면 8.391942이라는 세제곱근이 나온다. (세제곱근이 맞는지 확인하고 싶다면 $8.391942 \times 8.391942 \times 8.391942$를 해보라.)
근사치를 구하기도 어려운 큰 숫자들의 제곱근이나 세제곱근을 구할 때 로그를 활용하면 쉽고 빠르게 계산을 끝낼 수 있다!

아래 곱셈을 로그로 바꿔서 계산해 보자.

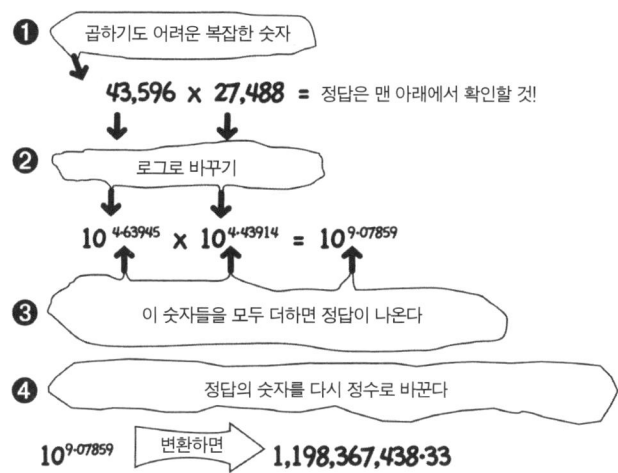

43,596×27,488의 정확한 값은 1,198,366,848이지만, 두 값의 차이는 백만분의 1정도밖에 나지 않는다!

용어집

이 책에서는 되도록이면 어려운 수학 용어는 사용하지 않았으며 또 그럴 필요도 없었지만 혹시나 궁금해 하실 독자들을 위해 용어를 따로 정리하였다. 이 책을 보는 동안 궁금했던 용어가 있거나 모르고 넘어간 부분이 있다면 여기에서 찾아보기 바란다.

각도(degree) 각을 재는 단위이며 '°'기호로 표시함. 섭씨나 화씨온도를 표시할 때도 같은 기호를 씀.(절대온도인 켈빈온도에는 '°'기호를 붙이지 않음-역주)

각도기(Protractor) 각의 크기를 재는 도구. 대개는 CD 한 장만한 크기에 절반으로 접히는 형태이며 원형의 둘레에는 작은 글씨로 숫자(각도)가 적혀 있음. 자동차 앞 유리에 낀 성에를 긁어낼 때도 아주 좋음.

거듭제곱(Power) 같은 수를 여러 번 곱하는 것. 4^5는 4의 5'승'이라 읽고, 이를 계산하면 $4\times4\times4\times4\times4=1,024$.

거짓말쟁이 웨이터의 정답(내용은 47페이지에) 애초에 30달러를 기준으로 생각하면 안 된다. 결국 여자들이 낸 돈은 27달러이고 이 중에서 금고에 남아 있는 돈이 25달러, 나머지 2달러를 웨이터가 챙긴 것으로 계산해야 맞다.

계수(Co-efficient) 곱셈식에서 숫자나 문자(또는 수식이 있는 괄호) 앞에 있는 숫자. $3(2x+7)$에서 3은 괄호의 계수이며, 2는 x의 계수.

계승(Factorial) 어떤 숫자의 계승이란 1부터 임의의 숫자까지의 모든 자연수를 곱하는 것을 말하며 '!'기호로 표시함. 4!=4×3×2×1=24. 경주마 네 마리가 출전한 경마대회에서 경주마가 들어오는 순서별로 나올 수 있는 경우의 수를 알고 싶을 때 이와 같은 계산이 필요함. 다만 이것만으로는 어떤 말이 우승할지 전혀 예측할 수 없음.

곱(Product) 둘 이상의 숫자를 곱하여 나온 수. 4와 7과 8의 곱은 4×7×8=224.

나눗수/제수(Divisor) 나누기에서 어떤 수를 나누는 수. 48÷4=12에서 나눗수는 4.

나눔수/피제수(Dividend) 나누기에서 어떤 수로 나누어지는 처음 수. 35÷5=7에서 나눔수는 35. 회사에서 주주들에게 나눠주는 이익금을 일컬어 dividend(배당금)라 함.

둔각(Obtuse) 90°보다 크고 180°보다 작은 각. 삼각형의 세 각 가운데 하나가 둔각이면 둔각삼각형이라 함.

등변(Equilateral) 등변삼각형(정삼각형)이라 하면 세 변의 길이가 모두 같은 삼각형을 말함. 이 경우 세 각의 크기는 모두 60°.

몫(Quotient) 나눔수를 나눗수로 나누어 얻은 결과. 14÷2=7에서 몫은 7.

무리수(Irrational) 소수 중에서 소수점 아래 숫자가 반복되는 패턴 없이 무한히 계속되는 숫자.

반올림(Rounding off) 복잡한 숫자를 보다 단순하게 만드는 방법.

반지름/반경(Radius) 원의 중심으로부터 원주상의 한 점까지의 거리. 반지름은 지름의 2분의 1.

부등변(Scalene) 부등변삼각형이라 하면 세 변의 길이가 서로 다른 삼각형을 말함.

부채꼴(Sector) 피자 조각처럼 생긴 도형.

분모(Denominator) 분수에서 아래쪽에 있는 숫자. 분수 $\frac{4}{7}$에서 분모는 7.

분수(Vulgar fractions) $\frac{2}{3}$처럼 숫자 위에 숫자를 적는 형태의 수. $\frac{2}{3}$를 소수로 바꾸면 0.618이 됨.

분자(Numerator) 분수에서 위쪽에 있는 숫자.

사변형(Quadrilateral) 네 변으로 이뤄진 도형.

삼각자(Set square) 플라스틱으로 만들어진 삼각형 모양의 자. 대개는 각도기와 자가 함께 들어 있는 세트 상품 안에 포함되어 있으며 삼각자는 두 종류가 들어 있음. 하나는 약간 두꺼우며 두 각이 45°인 직각삼각형 모양이고, 다른 하나는 조금 더 얇고 두 각이 각각 30°와 60°인 직각삼각형 모양임. 학생들이 갖고 있는 삼각자의 90%는 가까운 친척으로부터 중학교 입학 선물로 받은 것이라고 함.

소수(Prime) 1과 자기 자신으로만 나눠떨어지는 수.

소수(Decimals) 1보다 작고 0보다 큰 숫자를 소수점 아래 일련의 숫자들로 표시한 숫자. 0.667이나 365.26과 같은 숫자들이 소수임.

수선/수직선(Perpendicular) 다른 직선이나 면과 수직을 이루는 직선.

수식의 정리(Simplify) 복잡한 대수식을 전개해서 간략하게 정리하는 것을 말함. 예를 들어 $3(2x-4)+5(1-x)$를 정리하려면 먼저 곱셈을 해서 괄호를 없애 $6x-12+5-5x$로. 다음엔 더하거나 뺄 수 있는 부분을 계산해서 수식을 간단하게 만듦. $x-7$.

약분(Reduce) 분수의 분모와 분자를 일정 비율로 동시에 줄이는 것.

약수(Factors) 어떤 숫자를 나머지 없이 나눌 수 있는 모든 정수. 60의 약수는 1, 2, 3, 4, 5, 6, 10, 12, 15, 20, 30. 약수 중에서도 소수만의 곱으로 합성수를 나타낼 수 있을 때 이 숫자들을

가리켜 소인수라 함. 60의 소인수는 2, 3, 5. (2×2×3×5=60)

영(Zero) 0이 숫자인지 아닌지를 판단하기에는 애매한 점이 있음. 0이 숫자라면 0으로 나눴을 때 아무 문제가 없어야 하지만 그렇지 않으며, 0이 숫자가 아니라면 2-2=0과 같은 수식의 결과를 표현할 방법이 없음.

예각(Acute) 90° 보다 작은 각(또는 직각보다 예리한 각).

우각(Reflex) 180° 보다 큰 각.

우변(RHS) 방정식에서 등호의 오른쪽에 있는 수식. RHS는 영어로 right-hand side(오른편쪽)의 약자임.

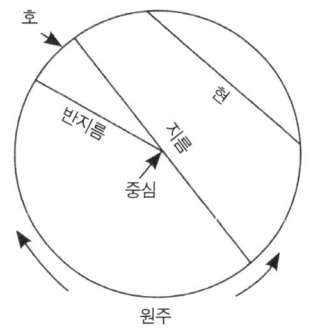

원주(Circumference) 원둘레의 길이. 영어로는 원탁의 둘레라는 뜻도 되기 때문에 영국에서는 '아서왕의 기사 중에 수학을 가장 잘 하는 사람은?'과 같은 썰렁한 농담에 대한 답변이 되기도 함.

유리수(Rational) 소수점 아래로 같은 패턴의 숫자가 반복되는 소수.

이등변삼각형(Isosceles) 두 변의 길이가 같은 삼각형을 말함. 이 경우 삼각형의 두 각의 크기가 같음.

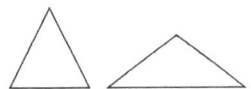

인수 분해(Factorize) 대수식에서 공통된 인수들을 묶어서 괄호 안에 정리하는 것을 일컬음. $6x^2+9x$를 $3x$로 나누면 $3x(2x+3)$로 인수 분해됨.

장방형(Oblong) 직사각형이나 타원형처럼 옆으로 긴 형태의 도형.

전개(Expand) 대수에서 주로 사용하는 용어이며, 수식에 있는 괄호를 없애고 풀어쓰는 것을 뜻함. $4y(3-2y)$를 전개하면 $12y-8y^2$.

접선(Tangent) 원주상의 한 점에 닿은 선. 원의 중심에서 접선까지 반지름에 해당하는 선을 그으면 반지름과 접선은 항상 $90°$를 이룸.

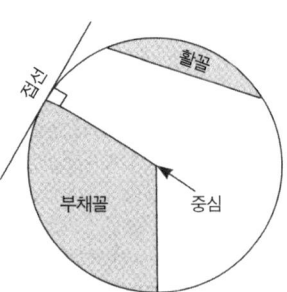

제곱과 제곱근(Square/square root) '제곱'은 똑같은 숫자를 두 번 곱하는 것. 7을 제곱하면 $7 \times 7 = 49$. '제곱근'은 이를 반대로 계산하면 됨. 49의 제곱근은 7.

좌변(LHS) 방정식에서 등호의 왼쪽에 있는 수식. LHS는 영어로 left-hand side(왼편짝)의 약자임.

중앙값(Median) 여러 수치를 크기순으로 늘어놓았을 때 순서상 정중앙에 있는 값.

직각(Right angle) $90°$. 정사각형의 모서리도 직각임. 직각임을 나타낼 때는 그림처럼 네모표시를 함.

지름(Diameter) 원의 중심을 지나는 선.

최빈값(Mode) 여러 수치들 중에 가장 많이 나오는 값.

타원(Ellipse) 중심이 두 개인 원. 타원의 중심은 '초점'이라 부르며, 둘 사이의 거리가 멀수록

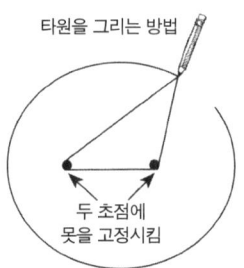

그림과 같이 두 개의 못을 고정시킨 뒤 느슨하게 묶은 실을 못과 연필심 끝에 걸고 연필로 실을 팽팽하게 잡아당긴다. 이대로 연필을 한 바퀴 돌리면 타원이 그려진다.

가로로 긴 형태의 타원이 됨. 지구의 공전 궤도는 원에 가깝지만 태양계의 다른 행성들은 타원형의 궤도를 그리며 공전함.

파이(Pi 또는 π) 3.14159265… 원의 둘레를 지름으로 나눴을 때 나오는 숫자.

평균값(Mean) 주어진 수치를 모두 더해서 전체의 개수로 나눴을 때 나오는 값.

합(Sum) 계산이 완료된 수식의 합계. 다른 말로 하면 수식에 있는 숫자를 모두 더한 값.

합성수/비소수(Composite) 소수가 아닌 수. 1과 자기 자신 외에도 약수가 있는 숫자를 말함.

현(Chord) 원의 중심을 통과하지 않으면서 원주상의 두 점을 잇는 직선.

호(Arc) 원둘레의 일부분. 극히 작은 둘레에서 거의 원둘레에 가까운 둘레까지 포함됨.

활꼴(Segment) 휘어진 직선의 일종. 또는 원의 일부를 칼로 잘라낸 모양.

2차식(Quadratic) 일반적으로 2차방정식을 뜻함. 2차방정식에는 x^2과 같이 제곱 형태의 대수가 포함되어 있으며 이 경우 방정식의 답(x)은 2개가 됨.

e 숫자 2.71828183을 나타내는 기호. 성장률을 계산하기 위해 만들어진 초월수이며, 식물이나 동물의 성장률은 물론이고 은행 이자율을 계산할 때도 사용됨.

E 계산기에 있는 이 표시는 '엑스퍼넨셜'을 뜻함. 계산기에 숫자를 입력하고 이 버튼을 누르면 10의 거듭제곱 형태로 표시됨.

증명종료

라틴어로 quad erat demonstrandum 또는 QED라고 쓰는 증명종료는 '이로써 증명을 완료함'이라는 의미로 쉽게 말해서 '봤지? 내가 이렇게 증명했으니까 이건 맞는 거야!'라고 말하는 것과 같다.

나 역시 이 책을 통해 모든 수학적 상식이 일상에서 얼마나 유용하게 쓰이며 서로 긴밀하게 연결된 개념인가를 '증명완료'했기를 바라마지 않는다. 수리를 생각하고 계산이 필요한 순간이 왔을 때 당황하지 않고 멋지게 문제를 해결하는 여러분의 모습을 마음속으로 그려볼 것이다. 증명을 마치기 전에 블레이키가 했던 말을 여러분에게 전해드릴까 한다. 그 친구가 말하길 "예전에는 이해가 안 되서 힘들었는데, 지금은 그때 왜 이해를 못했는지 모르겠어."

마지막으로 재밌는 트릭을 한 가지 더 소개하겠다.

❶ 임의의 네 자리 숫자를 고른다. 진짜 임의의 숫자라는 것을 보여주려면 1부터 9까지의 카드를 준비해서 그중에서 한 장씩 고르게 한다. 예를 들어 4, 7, 2, 8의 순서대로 카드를 골랐다고 하면 네 자리 숫자는 4,728이 된다.

❷ 숫자의 앞뒤 순서를 바꿔서 적은 다음 큰 숫자에서 작은 숫자를 뺀다. 위의 숫자로 계산하면 8,274-4,728=3,546.

❸ ⑵에서 나온 숫자의 각 자리수를 더한 값은 18일거라고 말한다.

3+5+4+6=18(이 값은 항상 18이 나오게 되어 있다).

속임수에 숨겨진 비밀이 알고 싶다면? 대수를 이용하면 여기에 숨겨진 비밀을 알 수 있다. 하지만 이보다 더 쉬운 방법도 있다. 그냥 '이건 마술이야!'라고 답하면 된다.

감사의 말

이 책이 나오도록 도와주신 MOM 출판사의 모든 분들과 일러스트를 담당한 앤드루 파인더, 교정을 맡아준 리차드 콜린스에게 감사의 말씀을 전합니다. 마지막으로 이 책을 즐겁게 쓰고 재밌게 볼 수 있도록 편집을 도와준 케리 채플에게도 더없는 감사의 마음을 전합니다.

저자 **샤르탄 포스키트**(Kjartan Poskitt)
〈수학이 수군수군〉, 〈우주가 우왕좌왕〉을 비롯해 재미있는 어린이 수학책과 과학책을 많이 쓴 베스트셀러 작가이다. 다양한 어린이 퍼즐 책도 여러 권 만들었다. 또한 음악을 작곡하고 직접 피아노도 연주하며, TV 프로그램도 진행하는 등 여러 분야에서 재주를 뽐내고 있다.

역자 **권태은**
홍익대학교 금속재료공학과를 졸업하고, 세종대학교 영문학과 대학원에서 번역학을 전공하였다.
현재 멘사 회원이며, 번역에이전시 엔터스코리아에서 출판기획 및 전문번역가로 활동 중이다.
인문, 수학, 사회, 자기계발 등 다양한 분야에 관심이 많다. 주요 역서로는 〈IQ148을 위한 추리퍼즐 파이널〉, 〈IQ148을 위한 멘사수리퍼즐〉, 〈IQ148을 위한 추리 퍼즐 스페셜〉, 〈IQ148을 위한 멘사 추리퍼즐 프리미어〉, 〈멘사 공부법〉 외 다수가 있다.

수학선생님도 몰래 보는 수학책

개정판 1쇄 발행 2015년 06월 15일
개정판 3쇄 발행 2018년 04월 15일

저　자 | 샤르탄 포스키트
역　자 | 권태은
인　쇄 | 도담프린팅

발행인 | 손호성
펴낸곳 | 봄봄스쿨
일원화 | 북센

등　록 | 제 312-2013-000016호
주　소 | 서울시 종로구 송월길 99 204동 1402호
전　화 | 070.7535.2958
팩　스 | 0505.220.2958
e-mail | atmark@argo9.com
Home page | http://argo9.com

ISBN 979-11-85423-62-3 14400
ISBN 979-11-85423-43-2 （세트）

※ 값은 책표지에 표시되어 있습니다.
※ 〈봄봄스쿨〉은 국내 친환경 인증 콩기름 잉크를 사용하여 인쇄합니다.